美国超级航母
全攻略

[英]克里斯·麦克纳布　[英]帕特里克·邦斯 / 著

石　宏　许旷励 / 译

中国科学技术出版社
·北　京·

图书在版编目（CIP）数据

美国超级航母全攻略 /（英）克里斯·麦克纳布，（英）帕特里克·邦斯著；石宏，许旷励译 . —北京：中国科学技术出版社，2024.5

书名原文：US Super Carrier Operations Manual

ISBN 978-7-5236-0553-0

Ⅰ.①美… Ⅱ.①克… ②帕… ③石… ④许… Ⅲ.①航空母舰—美国 Ⅳ.① E925.671

中国国家版本馆 CIP 数据核字（2024）第 049265 号

北京市版权局著作权合同登记　图字：01-2020-7482

Originally published in English by Haynes Publishing under the title: US Super Carrier Operations Manual written by Dr Chris McNab and Patrick Bunce © Dr Chris McNab and Patrick Bunce 2020

本书由 Haynes Publishing 授权中国科学技术出版社有限公司独家出版，未经出版者许可不得以任何方式抄袭、复制或节录任何部分。

策划编辑	孙红霞
责任编辑	王绍昱　孙红霞
装帧设计	中文天地
责任校对	吕传新
责任印制	马宇晨

出　　版	中国科学技术出版社
发　　行	中国科学技术出版社有限公司
地　　址	北京市海淀区中关村南大街 16 号
邮政编码	100081
发行电话	010-62173865
传　　真	010-62173081
网　　址	http://www.cspbooks.com.cn

开　　本	889mm×1194mm　1/16
字　　数	291 千字
印　　张	12
版　　次	2024 年 5 月第 1 版
印　　次	2024 年 5 月第 1 次印刷
印　　刷	北京博海升彩色印刷有限公司
书　　号	ISBN 978-7-5236-0553-0 / E·20
定　　价	88.00 元

（凡购买本社图书，如有缺页、倒页、脱页者，本社销售中心负责调换）

致谢

感谢"德怀特·D.艾森豪威尔"号航空母舰（CVN-69）舰长凯尔·希金斯及全体舰员为笔者和摄影师帕特里克·邦斯进入航母进行探究和拍摄提供的大力支持和帮助。特别感谢航母公共事务官本·蒂斯代尔海军中校、助理公共事务官刘易斯·奥尔德里奇海军中校为此次采访所做的协调工作，同时对为我们的采访提供协助的相关人员一并表示感谢：

- 调度官 吉丁德拉·西尔乔海军少校
- 本杰明·R.法纳姆海军上尉
- 调度员 莉安娜·M.罗斯航空中士
- 调度员 米娅·G.拉潘航空下士
- 调度员 奥马尔·E.布恩迪亚航空下士
- 作战指挥中心军官 安德鲁·麦克克卢恩海军中校
- 枪炮长 迪恩·斯科恩罗克海军中校
- 航海长 雷蒙德·斯特龙伯格海军中校
- 大副 安德鲁·伍德海军中校
- 随舰军医 朗达·华莱士海军中校
- 轮机长 弗兰克·加斯佩雷蒂海军中校
- 助理军需长 蒂莫西·希尔海军少校
- 安全官 罗布·拉达克海军中校
- 行政官 乔恩·布拉德福德海军上校
- 航空作业军官 杰森·维特海军中校
- 丹尼尔·奥斯塔雷洛机械上士
- 乔纳森·廷普森机械中士
- 损管员 玛丽莎·马卡卢索中士

此外，还要感谢理查德·赫克特海军中校、迈克尔·科尔三级军士长和马克·洛克威尔佩特海军上尉，他们也为我们的采访提供了极大的便利。

最后，感谢编辑米歇尔·蒂林的精心制作，感谢海恩斯出版社的乔纳森·福尔克纳在本书出版过程中提供的诸多帮助。

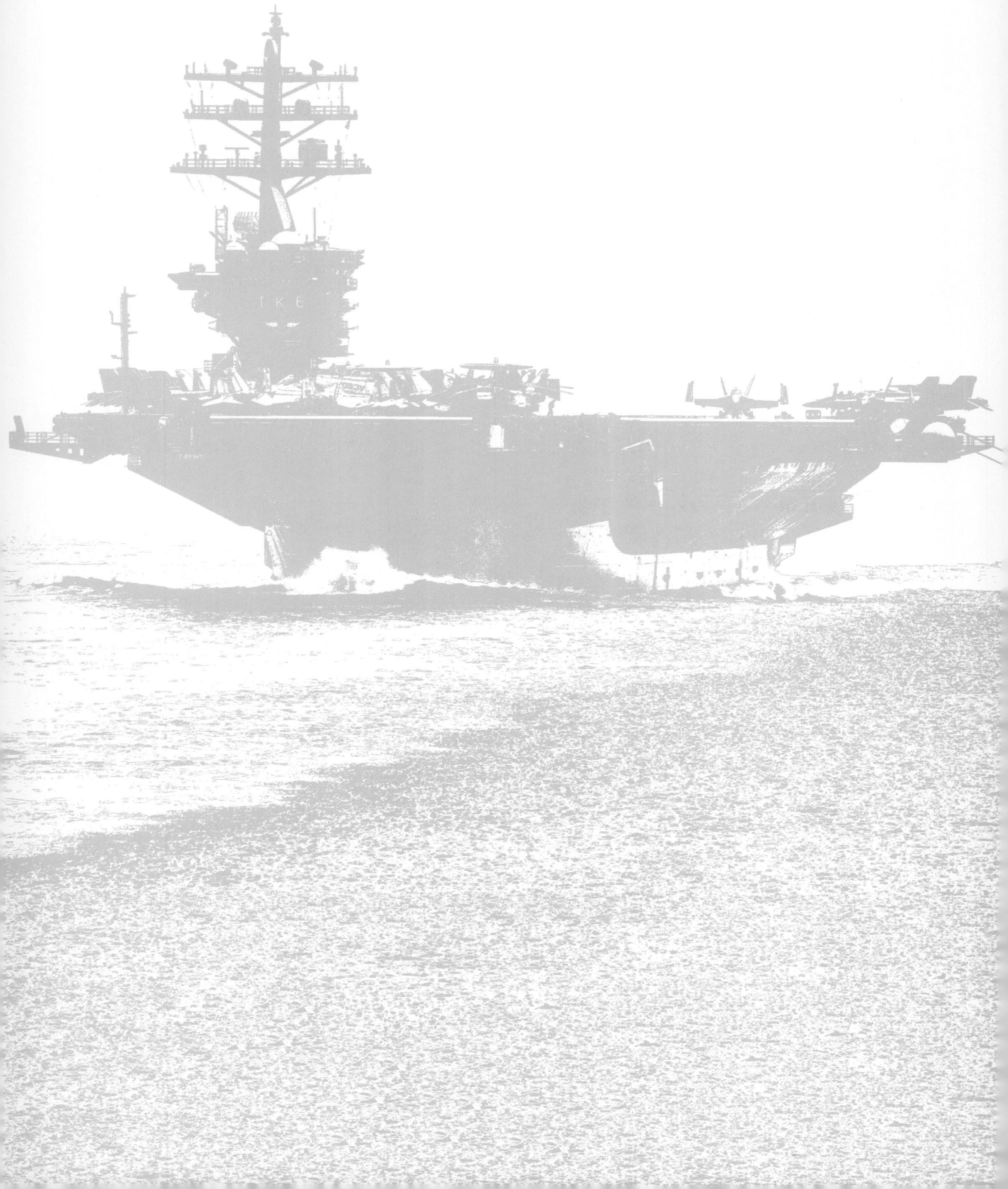
IKE

目 录

| 6 | 序 |

| 9 | 第一章 超级航母简史 |

战后的演变 10
第一代超级航母 15
从"企业"到"尼米兹" 18
"尼米兹"级 21
未来的超级航母 26

| 29 | 第二章 结构、主要系统和部门 |

概述 30
动力装置、推进装置和操舵装置 39
部门 42

| 49 | 第三章 飞行甲板、机库甲板和主要空勤人员 |

飞行甲板布局 51
蒸汽弹射器 51
燃气导流板 53
拦阻装置 54
拦阻网 56
机务人员 58
航空舰桥 66
飞行甲板控制 70
机库甲板 72
舰载机调度设备 77
升降机 81

| 85 | 第四章 飞行作业 |

舰载机联队 86
飞行作业计划 92
弹射器弹射 96
弹射程序 97
舰载机回收系统 100
航母空中交通管制中心 107
回收过程 113

| 127 | 第五章 主要电子和防御系统 |

导航设备和对海搜索雷达 129
对空搜索雷达 131
通信系统 132
防空系统 134
反鱼雷系统 144
诱饵系统 146

| 149 | 第六章 后勤 |

补给 151
军械 158
燃油 163

| 167 | 第七章 日常生活和作业 |

指挥权 168
值更 174
灾难演习 175
工作日 178
甲板之下 179

| 184 | 参考文献和拓展阅读 |

序

迄今为止，在武器装备发展的历史长河中，鲜有可与美国海军超级航母相媲美的装备。超级航母的概念形成于第二次世界大战之后，美国先后发展了"福莱斯特"级、"小鹰"级常规动力航母和"企业"号核动力航母。自1975年以来，陆续服役的10艘"尼米兹"级航母更是将超级航母的概念诠释得淋漓尽致，并构成了美国海军航母打击群（CSG），也就是之前被称为航母战斗群（CBG）的核心。随着新一级"福特"级超级航母首舰"杰拉尔德·R.福特"号（简称"福特"号）在2017年7月22日服役，美国海军超级航母的发展又迈上了一个新台阶。

美国的超级航母又被称为"移动的海上城堡"，是人类有史以来建造的最大战舰，集军事科技理论之大成，将人类的军事智慧与雄心送达顶峰。单凭超级航母的一些技术数据就能充分说明这一点。最典型的"尼米兹"级航母，总长度为1092英尺（1英尺=0.3048米），

下图 "罗纳德·里根"号（简称"里根"号）航母（CVN-76）（左前）、"拳师"号两栖攻击舰（LHD-4）、"里根"号航母打击群和"拳师"号两栖准备群的舰船为美国海军第7舰队的一部分。

飞行甲板最宽处为250英尺，整个飞行甲板面积达4.5英亩（1英亩=4046.856平方米），从龙骨到桅杆顶部的高度为252英尺，满载排水量超过100000英吨（1英吨=1.016吨）；全舰可以容纳6012人，携带1个舰载机联队，包括85~90架固定翼舰载机和直升机，并且能够保证这些舰载机日出动战斗架次达150架次以上；配备2座威斯汀豪斯公司（意译为西屋公司）生产的A4W压水型核反应堆，可以在不需要任何燃油补给的情况下连续运行20~23年，从理论上赋予了航母海上无限续航能力的可能。与"尼米兹"级相比，最新的"福特"级航母的主尺度、吨位都变得更大，作战能力也更强，是超级航母的巅峰之作。

本书详细介绍了美国"尼米兹"级和"福特"级超级航母的结构、机构设置、设备管理、作业流程和作战潜力。鉴于在编撰本书时，这些航母还是美国海军现役的作战航母，因此不少信息不可避免地受到限制。我们的信息来源主要是已经公开但鲜为人知的公共信息。得益于美国海军对我们的友善帮助，特别是美国海军"德怀特·D.艾森豪威尔"号（简称"艾森豪威尔"号）航母上的官兵们的热情接待，让我们深入体验到了航母甲板上下的生活，从而也让我们深切感受到美国海军航母的非凡，并为这一人类智慧的壮举深深震撼。

上图 2019年10月，美国海军"约翰·C.斯坦尼斯"号（简称"斯坦尼斯"号）航母（CVN-74）在穿越大西洋。

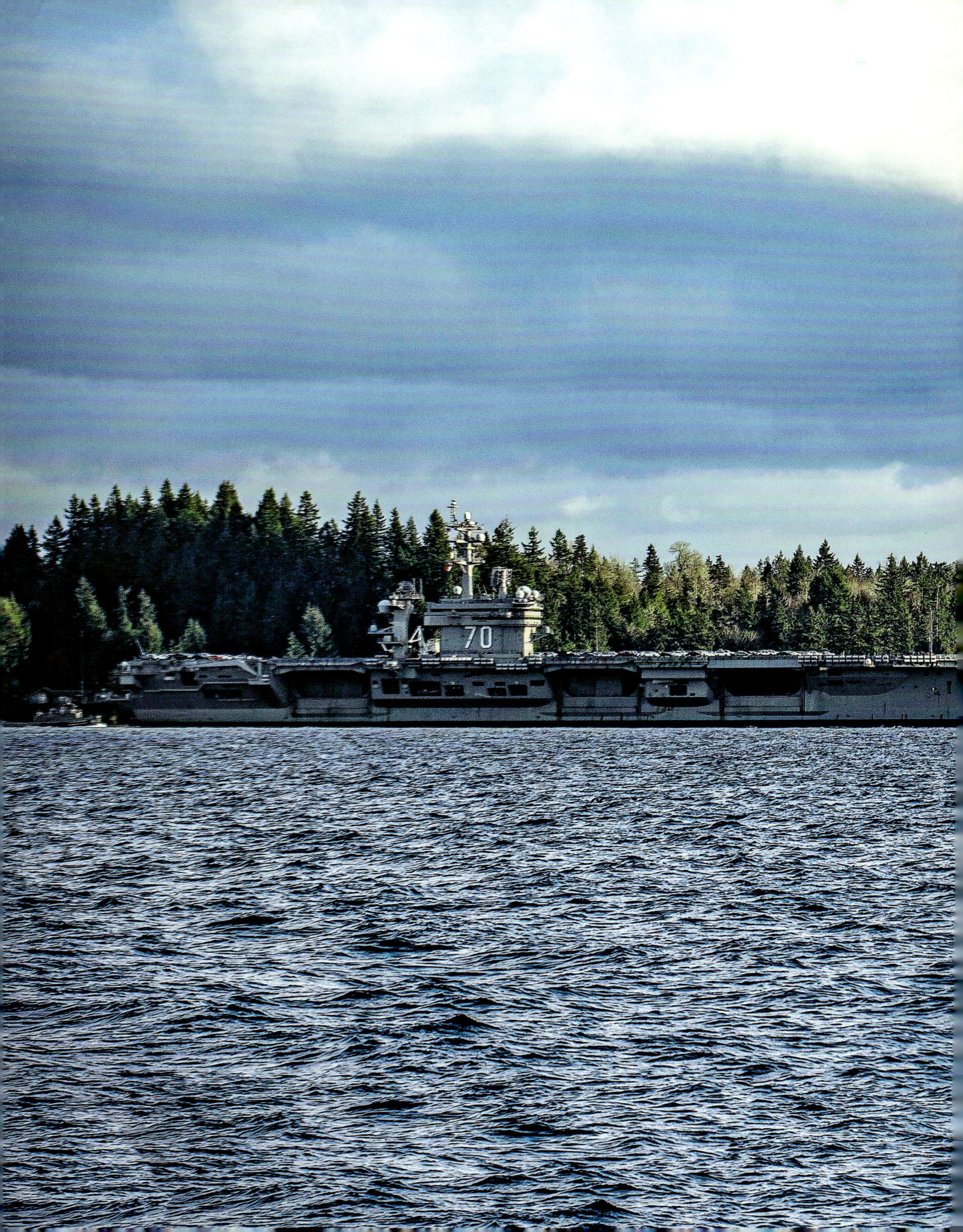
70

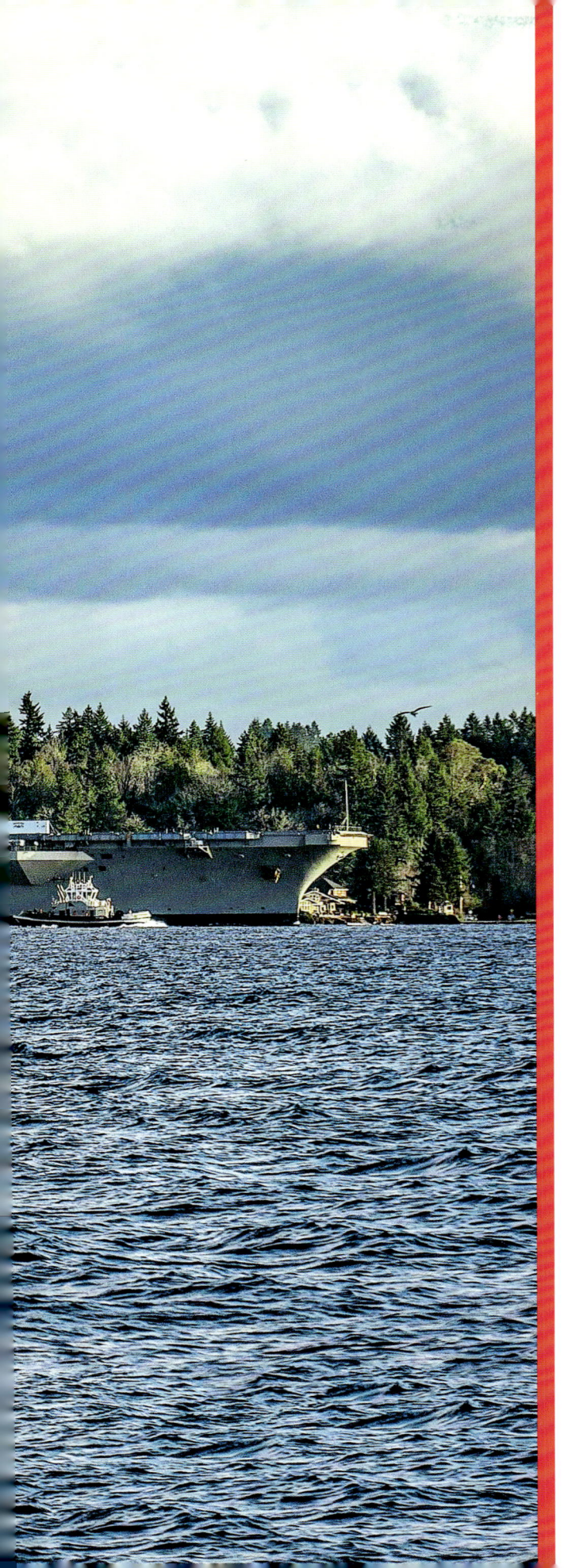

第一章

超级航母简史

第二次世界大战从根本上改变了海战的格局。大战之初,各国海军的主力还是装备着多门巨炮、披着厚甲的战列舰,"大舰巨炮"思想根深蒂固。然而,到第二次世界大战结束的时候,"大舰巨炮"思想已经在各国海军中荡然无存,曾经称霸海洋的战列舰也被视为过时的、笨重的战舰,其海上霸主地位完全被航母所取代。

左图 "尼米兹"级航母"卡尔·文森"号(CVN-70)在前往海军基地的途中经过沃特曼点。

1941年12月7日，珍珠港事件发生之后，美国才参加第二次世界大战，但在短短3年多的时间里，美国的军事力量几乎是以几何级数增长。就航母而言，到1945年，美国海军航母无论是数量、总吨位还是作战能力，都处于无可争议的领先地位，超过了任何一个竞争对手（日本海军的航母在1942—1945年的太平洋战争中陆续被美国海军消灭）。

战后的演变

依赖于强大的工业制造能力，到第二次世界大战结束，美国共建造了100多艘各种型号和级别的航母，其中只有8艘是战前建造。1922年3月20日，美国第一艘航母"兰利"号（CV-1）就进入了美国海军服役。到太平洋战争爆发，美国又相继建造了7艘航母。战前建造的这8艘航母，有5艘在太平洋战争中沉没。

太平洋战争爆发后，美国对日本宣战，卷入第二次世界大战的战火硝烟中，航母随即进入了一个大发展时期。就美国在第二次世界大战期间建造的航母而言，最重要的是"埃塞克斯"级舰队航母，1942—1946年共有24艘建成服役；另一类重要的航母是"独立"级轻型航母，共建成9艘，全部在1943年服役。

这些航母的能力在当时是令人惊艳的。例如，美国海军在太平洋战场上的主力航母——"埃塞克斯"级的长度为820英尺，满载排水量为36960美吨（1美吨=0.907吨），搭载2600名官兵和一个拥有90多架舰载机的舰载机联队。它们对盟军的胜利，特别是盟军在太平洋战场上的胜利，起到了决定性的作用。不过，第二次世界大战中的"埃塞克斯"级航母性能虽然不错，但它也并非是美国海军心目中

下图 1945年3月19日，在日本本土附近，美国海军"埃塞克斯"级航母"富兰克林"号（CV-13）被日军飞机投下的炸弹命中之后严重受损。

的理想航母。早在 1940 年,美国海军就开始酝酿设计更大的航母,这就是"中途岛"级航母,有 3 艘在 1945 年 9 月至 1947 年 10 月建成服役,分别是"中途岛"号(CVB-41)、"富兰克林·D. 罗斯福"号(CVB-42)和"珊瑚海"号(CVB-43)。

"中途岛"级航母全长 968 英尺,满载排水量 45000 美吨,搭载 1 个拥有 130 架舰载机的舰载机联队,载机数量比"埃塞克斯"级航母多 30 架。"中途岛"级航母搭载的官兵总数达到了 4104 人,不过因为该级航母在设计上没怎么考虑人机工程,所以对舰员来说其内部布局拥挤且不舒适。尽管如此,"中途岛"级航母的列装还是在很大程度上提高了美国海军航空兵的作战能力。

不凑巧的是,"中途岛"级航母开始列装时,第二次世界大战已经结束,美国开始大规模削减军备,军事预算显著下降。这对美国海军来说尤为不利,因为战舰是巨大的"吞金兽",没有钱就很难发展新型战舰。尤其是当新成立不久的美国空军(1947 年之前是陆军所辖的航空队,后从美国陆军中独立出来,成为独立的军种)加入争夺预算的行列,更是令美国海军"压力山大"。

20 世纪 50 年代,美国海军和空军都认为自己是美国战略力量的先锋,尤其是在新兴的核时代,海军和空军都想争当"核主角"。美国空军的远程战略轰炸机和美国海军可携带核炸弹的舰载机联队不可避免地会出现任务交叉重叠,从而引起两个军种之间的摩擦和竞争不断,最终直接导致美国海军的航母舰队计划中的另外 3 艘"中途岛"级航母的建造计划被取消了。其实,预算紧张只是导致计划被取消的表面原因,根本原因还是航空技术的飞速发展,促使美国海军不得不重新审视航母的设计思路。

20 世纪 40 年代末至 50 年代,世界见证了喷气机时代的到来。此时的美国航母尽管还会在一段时间内继续搭载和使用某些类型的螺旋桨舰载机,如道格拉斯公司 AD"天袭者"和格鲁曼公司 AF-2"守护者",但未来的航母舰载机必然是喷气式的战斗机、攻击机和轰炸机。早期的喷气式舰载机有道格拉斯公司 F-3D"空

上图 1943 年 8 月,美国"约克城"号航母(CV-10)上停着的 F6F-3"地狱猫"战斗机。由于螺旋桨飞机起飞速度小,因此不需要弹射器。

中骑士"（主要是作为战斗机和电子战飞机）和 A-3"天空武士"攻击机（对超级航母计划的产生起到了一定的推动作用）、格鲁曼公司 F-9F"黑豹"战斗机、北美公司 FJ"狂怒"（第一种以中队规模从航母上起飞作战的喷气式战斗机）和 AJ"野人"（混合径向发动机/涡轮喷气式重型攻击机）、麦克唐纳公司 FH-1"鬼怪"战斗机和 F-2H"女妖"侦察机。与起降螺旋桨舰载机相比，在航母上起降喷气式舰载机，需要解决下列技术问题：

- 更长的起飞距离，需要弹射辅助起飞。
- 更长的着舰距离，需要重型拦阻装置。
- 飞行甲板更加坚固，以便搭载重量更大、速度更快的喷气式舰载机。
- 根据喷气式舰载机上舰带来的新的安全隐患（进气道的进气和尾喷口的排气危险）重新配置飞行甲板。
- 提高航空燃油存储配置。

为了发展一支适合喷气机时代的航母舰队，美国海军面临两种选择：①对现有航母进行现代化改装和升级；②为搭载喷气式舰载机设计全新一代航母。

对于现代化改装和升级这一选项，重点自然落在仍在服役的"埃塞克斯"级航母（包括一些被称为"提康德罗加"级航母的改进型）和 3 艘"中途岛"级航母上。"提康德罗加"号航母（CV-14）于 1944 年 5 月 8 日服役，作为"埃塞克斯"级航母的第一个改进型，它的特点是加长了舰艏，全舰的长度因而增加，在其之后的"埃塞克斯"级航母也都是类似结构。

"埃塞克斯"级航母在 20 世纪 40 年代和 50 年代经历了两次主要改装升级。第一个改装和升级计划是 SCB-27 计划，于 1947—1955 年实施。第一艘进行 SCB-27 改装的是"奥里斯坎尼"号航母（CV-34）。该航母在 1944 年 5 月 1 日开工，但直到 1950 年 9 月 25 日才建成服役（在 1946 年 8 月至 1947 年 8 月期间还一度暂停），因此在建造过程中就进行了 SCB-27 改装。除了"奥里斯坎尼"号，还有 14 艘"埃塞克斯"级航母接受了 SCB-27 改装和升级，并在 1951 年 1 月至 1955 年 9 月期间重新投入使用。

SCB-27 改装和升级计划的主要内容如下（在具体实施过程中，SCB-27 又分为 SCB-27A 和 SCB-27C 两个子项目）：

- 提高飞行甲板强度，以使其能承受更重的喷气式舰载机的重量，包括 AJ"野人"重型舰载攻击机 [最大起飞重量 51580 磅（1 磅 = 0.454 千克）]。其他甲板改造包括（主要是 SCB-27C 项目要求）增加甲板冷却系统、燃气导流板和紧急拦阻用的拦阻网。航母甲板上原有的甲板炮也都被拆除，以增加可用的飞行甲板空间。
- 采用弹射力更强的 H8 液压弹射器或 C-11 蒸汽弹射器（SCB-27C），后者能够提供 70000 磅力（1 磅力 =0.454 千克力）的弹射力，让舰载机以 108 节（1 节 =1.852 千米/时）的速度弹射离舰。
- 安装 MK-5 拦阻装置。
- 安装提升能力更强的升降机。
- 重新设计了舰岛，使其变得更高，但长度缩

左图"埃塞克斯"级航母"独立"号（CV-11）尽管是在第二次世界大战期间建造的，但其经过重大改装和升级，所以一直服役到 20 世纪 70 年代。从俯瞰图中，我们可以看到"独立"号航母在 20 世纪 50 年代 SCB-125 改装前（左）和改装后（右）的结构样式。

| As built | SCB-27A | SCB-27C | Experimental angled deck | SCB-27A + SCB-125 | SCB-27C + SCB-125 | SCB-125A |

短（让甲板面积最大化），并且拆除了舰岛上原有的舰炮，增加了 1 个雷达和通信桅杆。

- 燃油存储空间增加了 50%，达到 30000 美制加仑（1 美制加仑 =3.785 升），并具有更强大的加油能力。
- 进行了广泛的安全改装，包括增加先进的雾化/泡沫灭火系统和位于装甲飞行甲板下的空勤人员待命室。
- 拆除装甲带以减轻全舰重量，至于防鱼雷能力则通过安装防鱼雷泡来进行弥补（防鱼雷泡也称防雷鼓包，安装在军舰侧面水线以上，和内部的舱室完全隔离开来，一半是空的，另一半则充着水。理论上讲，当鱼雷撕开它时，外层的空气隔间和内层的水隔间会吸收鱼雷爆炸的冲击力和碎片，使军舰的真正船壳不受损坏——译者注）。

就在 SCB-27 计划进入最后几个月的时候，美国海军又实施了另一项 SCB-125 改装

上图 这些照片显示了"埃塞克斯"级航母从最左边 1944 年交付的"富兰克林"号（CV-13）到最右边 1974 年经过 SCB-125A 改装的"奥里斯坎尼"号（CV-34）之间的变化。

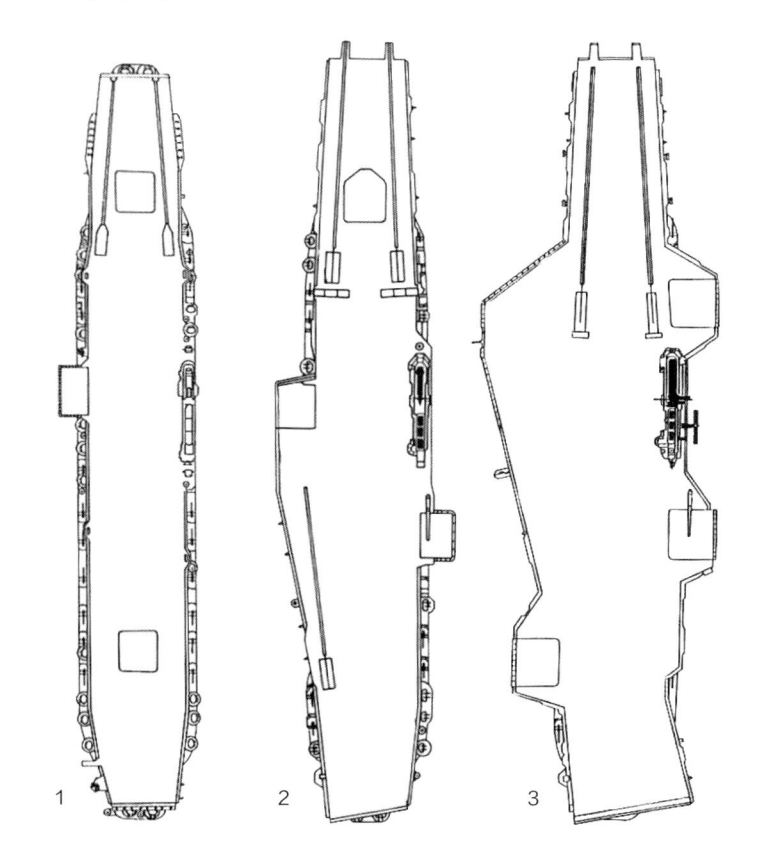

右图 美国航母形式的变化。这张图我们看到的是"中途岛"号航母（CV-41）的甲板设计俯视线图。从左至右：①完工于 1945 年；②1957 年完成的 SCB-110 改装；③1970 年完成的 SCB-110.66 改装。

第一章 超级航母简史

上图 1991年8月10日，美国"中途岛"号航母（CV-41）离开日本的横须贺海军基地，舰员们在飞行甲板上拼出日语"再见"的英语音译"SAYONARA"字样。

和升级计划。1954—1959年，美国海军对14艘"埃塞克斯"级航母进行了SCB-125改装和升级，并且是与未完工的SCB-27C改装和升级项目同时进行。

SCB-125改装和升级方案的重点是提高航母的适航性和飞行甲板的作业效率。方案实施了两项重大的结构改革：一是安装"飓风艏"——一种完全包围机库甲板并一直延伸到飞行甲板的全封闭舰艏，从而提高了航母的速度和操控性。二是在左舷增加了一个斜角甲板。这一设计虽然是借鉴了英国皇家海军在航母技术上的发明，但后来成为美国航母的标准设计，并因此改变了航母的作业方式。

斜角甲板的具体优点将在第三章说明，这里我们只简要地总结一下。斜直两块甲板可为航母组织舰载机着舰、起飞和停放作业提供更大的灵活性，并且极大地提高了起降作业的安全性、增加了舰载机的停放空间。并入SCB-125计划之后，正在进行的SCB-27C改装和升级计划的航母也将3号升降机移至右舷甲板边缘（以前一直在飞行甲板中线）。最后一艘进行SCB-125改装和升级的"奥里斯坎尼"号航母，还采用了铝制的飞行甲板包层、MK-7-1拦阻装置和功率更大的C-11-1蒸汽弹射器。

为满足新一代重型喷气式轰炸机上舰或即将上舰的需求，"中途岛"级航母也获得了改装和升级投资。"中途岛"级航母所进行的改装是SCB-110计划的一部分，主要内容包括加装斜角甲板、扩宽舰甲板、安装3部C-11蒸汽弹射器、安装英国人发明的光学助降系统（参阅第四章）、改进升降机、安装飓风艏和增加燃油携载量等。此外，"中途岛"级的舰岛也进行了较大改装，尤其是内部舱室、电子导航和监视系统均升级到最新标准。"中途岛"级航母最后一艘"珊瑚海"号是在1957年4月开始进行改装和升级的，但该航母实施的并非是SCB-110计划，而是改装和升级项目更加广泛的SCB-110A计划。

1966年2月11日，"中途岛"号进入旧金山湾海军造船厂进行SCB-101.66现代化改装，这也使它成为同级航母中最强的一艘。在为期4年、耗资2.02亿美元（比原预算多出1.14亿美元）的大改装中，飞行甲板面积从12.2万平方英尺（1平方英尺=0.093平方米）增加到17.4万平方英尺，升降机提升能力更强，安装了新的蒸汽弹射器和拦阻装置，配备了中央空调。显而易见，更宽、更长的飞行甲板给舰载机提供了更好的作业条件，但是这种大改装也让航母的满载排水量从服役初期的45000美吨猛增到69873美吨，对适航性产生了不利影响，甲板更"潮湿"，在恶劣海况条

件下进行飞行作业更容易出现问题。

尽管"埃塞克斯"级和"中途岛"级航母进行了重大改装和升级,并且后续还在不断进行技术提升,其中有些航母甚至因此一直服役到20世纪90年代初,但面对美国海军为具有战略影响力的舰队而制定的辉煌计划,这两级航母的潜力已经基本挖尽,不能满足未来需求。因为它们的飞行甲板再坚固,也无法起降当时正在研发的可携带核弹的新型舰载远程轰炸机,有些新型舰载轰炸机的战斗重量将达到10万磅。所以,美国海军开始设计全新的航母,并且赋予其一个前所未有的名称——超级航母。

第一代超级航母

美国海军航母设计的转折点是"合众国"号航母(CVA-58)。虽然这艘航母的建造只停留在龙骨安放阶段,未能最终完成,但它为随后的所有超级航母奠定了概念基础。

20世纪40年代,在美国航母作战的里程碑式人物之一、超级航母倡导者马克·米切尔海军上将的大力推动下,下一代美国航母计划在40年代后期出炉。1948年7月29日,美国总统哈里·杜鲁门批准新型航母建造计划,同意建造5艘新型航母,而实施该计划所需的预算也在1949年的《海军拨款法案》中获得通过。新型航母的首舰就是"合众国"号,其主要功能是搭载远程核轰炸机,但也将同时搭载用于战术行动的攻击机。

"合众国"号在设计上有很多堪称革命性的创新。该航母比美国海军之前发展的任何一艘航母都要大得多——总长度为1093英尺,飞行甲板宽190英尺,满载排水量为83350美吨。动力来自8台福斯特-威尔豪斯(Foster-Wheelhouse)蒸汽锅炉和4台威斯汀豪斯带减速齿轮的蒸汽轮机,功率输出达28万轴马力(1马力=0.735千瓦),最大航速33节。在设计图纸中最引人注目的是平甲板,而非传统的全通甲板。也就是说,"合众国"号航母在设计上取消了舰岛,只有一个十分开阔、无遮无挡的甲板区域。

但是没有舰岛,航母的很多指挥功能也就随之丧失。为此,美国海军将指挥功能专门交给一艘指挥舰,让该舰在作战期间密切跟随"合众国"号航母。舰载机联队最多由18架重型轰炸机和54架其他舰载机(主要是战斗机/攻击机)组成,舰上的航空人员为2480名,舰员为3019人。很明显,这是一艘前所未见的航母。

1949年4月18日,"合众国"号航母开始安放龙骨。但仅仅5天之后,也就是4月23日,美国空军和美国海军的预算发生了冲突,

上图 1948年10月,画家布鲁诺·费加罗(Bruno Figallo)创作的"合众国"号航母(CVA-58)艺术画作,展示了该航母的设计特点。注意该航母完全没有舰岛,4部弹射器滑道都与甲板中线成一定角度。

下图 1987年的"福莱斯特"号航空母舰（CV-59），甲板上的飞机隶属CVW-6联队。注意，停放在甲板上的F-14"雄猫"战斗机，其中许多飞机的机翼后掠角达到75°，以便停放。2架准备起飞的飞机，机翼后掠角为20°。

直接导致国防部部长路易斯·约翰逊（Louis Johnson）取消了整个"合众国"级航母的建造计划。随着"埃塞克斯"级和"中途岛"级航母数量的缩减，这个决定令美国海军的未来更加艰难，也令美国海军在日益加剧的冷战中所扮演的战略角色面临严峻考验。

尽管如此，美国海军仍坚持认为发展更大的航母势在必行，原因在于当时所有的现役航母都无法很好地满足新一代喷气式舰载机的起降要求，特别是70000磅道格拉斯A-3"天空武士"重型舰载攻击机在现役航母上根本无法起降。因此，美国海军在"合众国"级航母计划被砍之后，继续寻求新的航母设计。虽然新航母在主尺度和吨位上比"合众国"号航母有所降低，但与第二次世界大战期间发展的两代航母相比还是要大得多。

于是，第一代超级航母——"福莱斯特"级诞生了。该级航母计划建造4艘，首舰"福莱斯特"号（CVA-59）于1952年7月开工，标志着美国海军航空兵力量部署的重大转变。"福莱斯特"号航母总长度为1039英尺，仅比"合众国"号航母短54英尺，满载排水量为77800英吨。它采用了英国人在航母上的几项重要的技术创新——斜角甲板、蒸汽弹射器和菲涅尔透镜光学助降系统，其中菲涅尔透镜光学助降系统的作用是提高舰载机回收作业的精度（见第四章）。

与"合众国"号航母不同的是，"福莱斯特"号航母重新恢复了舰岛，但是对舰岛尺寸进行了严格限制，以最大限度地腾出飞行甲板空间。"福莱斯特"号的全部舰载机（按照设计）是32架A-3"天空武士"攻击机和12架F-3H"恶魔"战斗机。该航母由带减速齿轮的蒸汽轮机提供动力，总输出功率为260000轴马力，舰上携带有7800英吨燃油，20节航速下的续航力为10000海里，舰员和航空人员总计4500人。

1955—1957年，4艘"福莱斯特"级航母服役，分别是"福莱斯特"号（CVA-59）、"独立"号（CVA-62）、"突击者"号（CVA-61）和"萨拉托加"号（CVA-60）。它们一直服役到20世纪90年代，其间经历了多次升级和改装，以满足新机型和其他技术进步的需求。相对于战后航空技术的发展速度，"福莱斯特"级航母的后续问题很快就出现了，随之而来的是各种激烈的争论。

虽然有些人主张缩小新航母的主尺度和降低成本，但美国海军最终决定在"福莱斯特"级基础上建造改进的新航母。与"福莱斯特"级相

左图 1967年7月29日，美国"福莱斯特"号航母（CVA-59）上的一架F-4B"鬼怪"Ⅱ战斗机挂载的阻尼火箭弹意外发射，导致航母发生爆炸事故并燃起大火，造成134名水手死亡、161人受伤。这次事故最终使美国海军航母的消防程序和装备发生重大变化。

比，新航母在设计上的主要变化是飞行甲板的布局，中心部分被拓宽，目的是增加飞行甲板面积，右舷的舰岛位置更靠后；而在舰岛前部布置2部升降机、后部布置1部升降机，这与"福莱斯特"级航母正好相反。按照设计，新航母搭载的舰载机联队也有相当大的变化，总共携带90多架舰载机，主要包括A-4"天鹰"轻型攻击机、A-3"天空武士"重型攻击机、F-4"鬼怪"Ⅱ战斗机和F-8"十字军战士"战斗机，舰员和舰空人员总数增至5500人。还要注意的是，新航母在扩大飞行甲板的过程中，航母的上部重量显著增加，并且为了弥补"福莱斯特"级航母在高炮防空方面的不足，新航母安装2座双联"小猎犬"中程舰空导弹系统，同时增强航母编队护航水面舰艇的防空火力。

3艘改进型"福莱斯特"级航母在20世纪60年代初期到中期建造和服役，分别是"小鹰"号（CVA-63）、"美国"号（CVA-66）和"星座"号（CVA-64）。由于这3艘航母相比于"福莱斯特"级的变化太大，所以它们被称为"小鹰"级。

20世纪60年代，美国又建造了1艘常规航母"约翰·F.肯尼迪"号（简称"肯尼迪"号）（CVA-67），这也是美国海军最后一艘常规动力超级航母，它于1968年9月7日服役。"肯尼迪"号的设计综合了"小鹰"级和在"肯

下图 2007年"勇敢之盾"演习中的"小鹰"号航母（CV-63）。

右图 这张照片表现的是"福莱斯特"级航母"萨拉托加号"（CVA-60）与经过改装的"小鹰"级大型航母"肯尼迪"号（CVA-67）（前二）一起航行的场景。升降机的重新布置从"肯尼迪"号的侧面看起来很明显。

右图 2004年，"肯尼迪"号航母（CV-67）的舰岛结构特写，顶部装有SATCOM和全球广播系统（GBS）设备的白色钟形天线罩。

尼迪"号航母之前下水的"企业"号核动力航母（CVAN-65）的特点，不过，"肯尼迪"号航母并没有成为一个新的级别，仍被归入"小鹰"级。"肯尼迪"号航母在美国海军一直服役到2007年才退役，服役时间长达39年。

从20世纪50年代到20世纪90年代，直至21世纪的头10年，美国海军的常规航母（既有超级航母，也有现代化改装的"埃塞克斯"级航母）构成了美国海军力量投送体系的主要组成部分。在第二次世界大战后数场局部战争中，特别是在越南战争、多次中东战争期间，美国海军航母都进行了频繁的作战部署。而在20世纪60年代，世界还见证了核动力航母的问世。正是这些航母，形成了现代美国海军的力量架构。

从"企业"到"尼米兹"

1954年9月30日，美国海军"鹦鹉螺"号潜艇（SSN-571）服役，这是世界历史上第一艘核动力潜艇。随着冷战愈演愈烈，海洋成了一个战略对峙的大棋盘，博弈正在海洋深处展开。"鹦鹉螺"号的核动力所提供的近乎无限的续航能力，恰好契合了这个不断变化的政治环境的需要。

当"鹦鹉螺"号开始出海执行任务的时候，关于在水面舰艇上使用核动力的争论也随之展开。发展核动力航母在技术上没有障碍，因为航母的内部空间要比潜艇大得多，有更充裕的空间来安装核动力装置，设计上的复杂性也比

上图 美国海军的第一艘核动力航母"企业"号（CVN-65）。请注意飞行甲板最前面的两个回收角结构。

下图 1967年的"企业"号航母舰岛特写。请注意舰岛上的相控阵雷达系统的白色天线阵面很像大型广告牌。

潜艇小得多。之所以发生争论，并非因为技术上的原因，而在于很多反对者认为航母已经如此庞大了，能够携带大量常规燃料，并不是非要核动力不可。此外，预算也是产生争论的重要原因之一，因为新航母研制、核反应堆安装及后续维护，将进一步增加本就已经非常昂贵的航母成本。

尽管存在激烈争论，但是核动力航母的设

术语说明

美国海军航空母舰使用各种舰体分类编号来定义其角色、大小和推进形式：

CV——舰队航空母舰（1921—1975年使用），多功能航空母舰（1975年至今）

CVA——攻击型航空母舰（1975年与CV合并，统称"CV"）

CVB——大型航空母舰（1952年与CVA合并，统称"CVA"）

CVL——轻型航空母舰（已退役）

CVN——核动力航空母舰

CVAN——核动力攻击航空母舰（1975年后与CVN合并，统称"CVN"）

想一旦萌发，就不可遏制。争论的最终结果是，美国海军如果想要继续保持其在世界海洋上无可撼动的地位，核动力航母是最佳选择。原因在于核动力能够让航母拥有几乎无限的续航力，而且可以在持续的高速下做到这一点（常规动力航母的全速航行非常耗油）。不仅如此，核动力还能为舰载设备（尤其是蒸汽弹射器）和不断增加的电气设备提供更强大的动力。

1958年2月4日，美国第一艘核动力航母"企业"号（CVAN-65）在纽波特纽斯船厂开工，1960年9月24日下水，1961年11月25日加入美国海军服役，直到2017年2月3日才退役，充分证明了其在设计上的完美和实用性。服役期间，"企业"号航母参加了从越南战争到"伊拉克自由行动"的多场局部战争和冲突。就外观而言，这艘航母最吸引人们眼球的是其庞大的身躯："企业"号航母全长1123英尺，宽133英尺，为美国海军历史上最大的战舰，这一纪录保持至今。

"企业"号航母的飞行甲板面积为1079英尺×235英尺3英寸（1英尺=12英寸，1英寸=2.54厘米），排水量为68000美吨。飞行甲板和内部空间的布局使其可以容纳5828名人员和最多99架舰载机（通常搭载60多架）。由于采用了核动力，因此其携带的航空燃油比"小鹰"级航母要多50%。与之前的航母相比，"企业"号航母的外形变化也很显著，其舰岛尺寸明显缩小，外形方方正正，但上面布满了现代化的雷达和电子设备，尤其是在舰岛外表面布置了多块巨大的矩形"广告牌"。这些是休斯公司制造的SCANFAR雷达系统的天线阵面，也是美国海军在军舰上部署的第一款相控阵雷达系统。横置的面板是AN/SPS-32远程对空搜索雷达的天线阵面，最大探测距离为400英里（1英里=1.609千米）；而竖置的面板是AN/SPS-33目标跟踪雷达的天线阵面。SCANFAR雷达系统可提供360°搜索，并且该雷达系统还与3套RIM-7"海麻雀"近程舰空导弹系统相连，为航母提供"点防御"能力。在"企业"号内部发生的最大变化就是动力舱装有8座威斯汀豪斯A2W核反应堆，总输出功率28万轴马力，可使"企业"号的最大航速达到33节。

作为一艘强大的航母，"企业"号在其使用寿命内，依然通过定期的改装和升级来持续保持强大的战斗力。就电子设备和战斗能力而言，2017年退役时的"企业"号与20世纪60年代刚服役时已经截然不同。不过在预算有限的情况下，"企业"号对五角大楼的钱袋提出了很高的要求——建造成本4.513亿美元，整个服役期内的运行成本则超过了40亿美元。到2017年时，"企业"号已经服役了56年，如果要继续服役，所需的运行成本还将不断增加，这对美国海军来说是很难承受的，其退役也就在所难免了。

在建造"企业"号航母的那段时间里，航母在美国海军中的战略地位也发生了重大变化，尤其是配备有UGM-27"北极星"潜射弹道导弹的战略核潜艇的出现（1960年7月20日，美国海军"乔治·华盛顿"号战略核潜艇进行了"北极星"潜射导弹的首次试射），意味着对航母搭载可携带核弹的轰炸机的需求将大幅降低甚至消失。因此，在随后的角色重新评估中，航母的战略色彩大幅降低，转而主要承担战术任务，包括近距支援作战和各种其他角色，如反潜战（ASW）和电子战（EW）。

下图 1969年1月14日，夏威夷海岸附近的"企业"号航母（CVN-65）上发生了阻尼火箭弹爆炸，又引爆了数枚500磅炸弹爆炸，炸死28名水手、炸伤343人。照片中可见"企业"号在爆炸之后燃起大火并冒出冲天黑烟。

左图 艺术家对1968年设想的核动力航母"尼米兹"号（CVAN-68）的印象。

战术任务的不断扩大，决定了航母舰载人员和装备类型的激增，但是美国海军面临着不少老旧航母即将退役的情况。面对不断增长的任务需求与航母数量缩减的矛盾，美国海军需要发展一种吨位更大、搭载人员和装备更多、作战能力更强的新型航母。正是在这样的背景下，"尼米兹"级超级航母诞生了。

"尼米兹"级

在绝大多数人眼中，"尼米兹"级航母一共有10艘（表1-1），但我们必须记住这10艘航母是在长达38年（1968—2006）的时间里建造的。因此，"尼米兹"级航母的首舰"尼米兹"号（CVN-68）与2009年服役的最后一艘"乔治·H.W.布什"号（简称"布什"号）（CVN-77）相比，无论是在结构方面还是采用的技术方面都有很大差别。而较早建造的"尼米兹"级航母还相继进行了中期换料大修（RCOH），并在此期间进行了改装和升级，这就导致"尼米兹"级航母的分类变得更加复杂。为了让大家更好地了解"尼米兹"级，我们首先介绍该级航母的通用设计，然后再谈该级航母各舰之间的差异。而本书后面章节中，我们还将对"尼米兹"级航母进行详细的技术描述。需要强调的是，"尼米兹"级航母之间的差异和技术的不断发展意味着任何一项描述背后都存在例外和差异。

"尼米兹"号比"企业"号略小，但也完全符合"超级航母"的概念。该航母全长1090

表1-1 "尼米兹"级航母

舰名	舷号	开工日期	下水日期	服役日期	中期换料大修（RCOH）
"尼米兹"号	CVN-68	1968.06.22	1972.05.13	1975.05.03	1998—2001
"德怀特·D.艾森豪威尔"号	CVN-69	1970.08.15	1975.10.11	1977.10.18	2001—2005
"卡尔·文森"号	CVN-70	1975.10.11	1980.03.15	1982.03.13	2005—2009
"西奥多·罗斯福"号	CVN-71	1981.10.31	1984.10.27	1986.10.25	2009—2013
"亚伯拉罕·林肯"号	CVN-72	1984.11.03	1988.02.13	1989.11.11	2013—2017
"乔治·华盛顿"号	CVN-73	1986.08.25	1990.07.21	1992.07.04	2017—2023
"约翰·C.斯坦尼斯"号	CVN-74	1991.03.13	1993.11.11	1995.12.09	
"哈里·S.杜鲁门"号	CVN-75	1993.11.29	1996.09.07	1998.07.25	
"罗纳德·里根"号	CVN-76	1998.02.12	2001.03.04	2003.07.12	
"乔治·H.W.布什"号	CVN-77	2003.09.06	2006.10.09	2009.01.10	

上图"尼米兹"号航母（CVN-68）在经过RCOH之后的海上航行照。

下图"德怀特·D.艾森豪威尔"号（简称"艾森豪威尔"号）航母（CVN-69）于2019年9月在大西洋上航行的照片。"艾森豪威尔"号是第10航母打击群的核心，另外，该航母打击群还有3艘导弹巡洋舰和5艘导弹驱逐舰。

英尺，满载排水量91500美吨，全舰人员5950人，搭载的舰载机联队大约有87架舰载机（包括固定翼舰载机和舰载直升机）。其飞行甲板很大程度上以"肯尼迪"号航母为基础，不过二者左舷斜角甲板的角度略有不同（"尼米兹"号为9°）。服役初期的"尼米兹"号航母的飞行甲板与现在的一个明显的外形区别是在舰艉有两个伸出去的回收角——用来捕获舰载机起飞离舰时落下的钢索，而这条钢索在弹射作业时用来连接舰载机与弹射器。在"尼米兹"号之后的"艾森豪威尔"号和"卡尔·文森"号航母将回收角减少到1个，因为它们搭载的新一代舰载机已经有部分不再采用拖索式弹射方式，改为了前轮牵引式弹射方式。从第4艘"尼米兹"级航母开始，全面采用前轮牵引式弹射方式，因此当它们服役时回收角已完全消失了。

在"尼米兹"级航母的寿命周期内，一些关键的变化说明了该级核动力航母是如何不断演变发展的，最大的变化来自频繁升级的雷达、电子、通信、导航和防御系统。

"尼米兹"号航母维修全记录

以下是美国"尼米兹"号航母服役以来所进行的维修类型、维修时间和在维修期间进行的改装和升级情况：

- ■ 试航后维修（PSA）——纠正试航过程中发现的问题和缺陷。
- ■ 选择性有限维修（SRA）——定期维修和升级，包括对主要船舶系统的维修和升级。
- ■ 计划内增量维修（PIA）——计划内进行的基地级维修、改装和升级，以更新和改进舰船的技战术能力。如果是较长的计划周期，还有扩展型计划内增量维修（EPIA）。
- ■ 综合大修（COH）——主要的基地级维修。
- ■ 中期换料和综合大修（RCOH）——为期3~4年的大型维修，其中最重要的维修项目是为核反应堆更换核燃料棒。

- ● 1975年10月至1975年12月——PSA；
- ● 1977年5月至1977年7月——SRA；
- ● 1978年10月至1979年1月——SRA；
- ● 1980年10月至1981年1月——SRA；
- ● 1982年4月至1982年6月——SRA（此次维修拆除了腰部弹射器的拖索装置）；
- ● 1983年6月至1984年7月——COH（此次维修，左舷前部增加舷台；3座MK-25基本点防御导弹/BPDM被2座MK-29发射装置取代；增加3座"密集阵"近程防御武器系统/CIWS；SPS-43雷达被SPS-49搜索雷达取代）；
- ● 1985年11月至1986年3月——SRA（左舷前部舷台变更/扩大）；
- ● 1987年8月至1988年2月——SRA；
- ● 1989年8月至1990年3月——SRA；
- ● 1991年10月至1992年5月——SRA；
- ● 1993年12月至1995年1月——SRA（此次维修取消了艏部左侧弹射器的拖索）；
- ● 1996年6月至1997年1月——SRA；
- ● 1998年5月到2001年6月——RCOH（此次中期换料大修，取消艏部右侧弹射器的拖索，去掉了舰岛顶部2层，换装了新的天线桅杆和雷达塔桅，左舷前部舷台的"密集阵"近防武器系统被"拉姆"近程防空导弹系统取代，右舷后部舷台增加了"拉姆"导弹系统，舰岛和舰艉的2座"密集阵"被拆除）；
- ● 2004年2月至2004年8月——PIA（更换了走廊格栅，重新铺设了飞行甲板）；
- ● 2006年3月至2006年9月——PIA；
- ● 2008年7月至2009年1月——PIA；
- ● 2010年11月至2012年3月——PIA（在右舷前部扩大的舷台和舰艉左舷新舷台上分别布置1座"密集阵"）；
- ● 2015年1月至2016年10月——PIA；
- ● 2018年3月至2019年9月——EPIA。

下图"哈里·杜鲁门"号（简称"杜鲁门"号）航母（CVN-75）在2019年7月18日的一次演习中，后面是"提康德罗加"级导弹巡洋舰"诺曼底"号（CG-60）。2004年5月，该航母在波斯湾总共进行了2577架次战斗弹射作业。

右图 参加"持久自由行动"和"伊拉克自由行动"的美国海军"西奥多·罗斯福"号（简称"罗斯福"号）航母（CVN-71）在阿拉伯海部署了10个月之后，进入北岛海军航空站。

下图 "斯坦尼斯"号航母（CVN-74）的俯视图显示了斜直两块飞行甲板的轮廓。注意斜角甲板后方两侧的4组拦阻索撞击垫。

在首舰"尼米兹"号服役初期，装备有SPS-10对海搜索雷达和两坐标SPS-43、三坐标SPS-48A对空搜索雷达。而今天所有的"尼米兹"级航母都装备有十分先进的雷达和电子设备，包括三坐标AN/SPS-48E和两坐标AN/SPS-49（V）5对空搜索雷达、AN/SPQ-9B目标捕获雷达、AN/SPN-46和AN/SPN-43C空中交通管制雷达、AN/SPN-41着舰辅助雷达、MK-91型北约"海麻雀"舰空导弹（NSSM）火控系统、MK-95火控雷达、AN/SLQ-32A（V）4电子战套件、SLQ-25A"水精"（Nixie）反鱼雷套件和各种卫星通信（SATCOM）套件。所有这些系统的传感器、天线和天线罩密集地布置在舰岛周围。

随着时间的推移，"尼米兹"级航母上的舰载机联队结构也发生了很大变化。在20世纪70年代，主要舰载战机型号是F-4"鬼怪"Ⅱ、A-7"海盗"Ⅱ和A-6"入侵者"，但是F-4"鬼怪"Ⅱ很快就被F-14"雄猫"取代。今天"尼米兹"级航母上的舰载机联队主要装备是F/A-18E/F"超级大黄蜂"战斗攻击机、EA-18G"咆哮者"电子战机和"海鹰"舰载直升机。

关于"尼米兹"级航母的防空武器系统，最初是依靠3座八联装MK-25倾斜式发射架来发射RIM-7"海麻雀"近程舰空导弹，1980年MK-25发射架被更先进的八联装MK-29导弹发射架代替。20世纪90年代末和2000年年初，"尼米兹"级开始换装RIM-

116"滚动弹体导弹"（RAM，音译为"拉姆"导弹）和 MK-49 导弹发射架（GMLS）。末端防空系统则由 MK-15"密集阵"近程防御武器系统（CIWS）和自动化的 MK-38 型 25 毫米机关炮组成。

"尼米兹"级航母始终不变的是其"跳动的心脏"。所有"尼米兹"级航母都装有 2 座威斯汀豪斯 A-4W 压水反应堆，最大功率 26 万轴马力，在两次中期换料大修之间可以提供几乎无限的续航力。在反应堆需要更换核燃料棒之前，"尼米兹"级航母可以航行 20~23 年。

首舰"尼米兹"号由于服役时间最早，之后的改装和升级就最多，因而也是"尼米兹"级航母中变化最大的一艘，其后建造的"尼米兹"级航母变化相对要少一些，而且越是造得晚的"尼米兹"级航母变化越少（在本书编写时，10 艘"尼米兹"级航母已有 6 艘进行了中期换料大修）。

通常，我们可以把"尼米兹"级航母分为 3 个类型：

基本型指的是前 3 艘航母——"尼米兹"号、"艾森豪威尔"号和"卡尔·文森"号，相继在 1975—1982 年服役。

接下来的 5 艘航母——"罗斯福"号、"林肯"号、"华盛顿"号、"斯坦尼斯"号和"杜鲁门"号——属于"罗斯福"号子类。这 5 艘航母进行了一些小的结构修改，如改进了弹药库防护和升级了飞行甲板防护。"罗斯福"号还是第一艘采用新型模块化建造工艺建造的航母，与以前的建造方法相比，缩短了 16 个月的建造时间。

最后一个类型是"里根"号子类，它由"里根"号和"布什"号组成。这个子类的变化包括：

■ 重新设计的球鼻艏，提高了航行速度、效率和稳定性。

右图"乔治·华盛顿"号（简称"华盛顿"号）（CVN-73）于 2017 年进入纽波特纽斯造船厂的干船坞进行中期换料大修（RCOH）。除为其核反应堆更换核燃料外，该航母的升级包括：更新舰岛、桅杆和天线塔；升级所有舰载机的弹射和回收设备；舰体重新刷漆；更换螺旋桨大轴，并安装经过翻新的螺旋桨。

上图"尼米兹"级航母 9 号舰"里根"号（CVN-76）经麦哲伦海峡驶向加利福尼亚州圣迭戈军港。该航母是美国第七舰队的一部分，其母港位于日本横须贺。

上图 2014年8月在阿拉伯海的"布什"号航母（CVN-77）飞行甲板上的一个场景。前景中的弹射器人员手持一根舰载机限位杆，在背景中可以看到格鲁曼 E-2C"鹰眼"预警机和西科斯基 SH-60"海鹰"舰载直升机。

- 重新设计的舰岛（加长了 20 英尺，甲板面积因此小了一些），具有更宽敞的航空舰桥（美国海军称为主飞行控制室，英文缩写 Pri-Fly，主要负责飞行控制-监控舰载机起降）。
- 一部武器升降机从飞行甲板移至舰岛后方。
- 斜角甲板与船体中心线的夹角从 9.05°增加到 9.15°。
- 在航母所有区域均安装了"综合通信和先进网络"（ICAN）。
- 用"拉姆"近程舰空导弹系统取代了"密集阵"近防武器系统。

（有关这些修改的详细信息，请参阅后面的章节）。

"里根"号和"布什"号都被视为"过渡型航母"，这意味着它们的设计从一开始就倾向于最终的替代品——"福特"级。"尼米兹"级航母的最后一艘"布什"号的改进最为明显，包括一个新的雷达塔桅、升级的导航和通信系统、现代化的弹射和拦阻设备，以及改进的 JP-5 燃油处理/存储系统等。经过近半个世纪的服役，最新的"尼米兹"级航母将继续服役到 21 世纪 30 年代以后。

未来的超级航母

得益于原始设计的完整性与现代化改装和升级的成果，"尼米兹"级航母仍将继续服役。不过到了 21 世纪初期，美国海军的航母编队如果要维持在最低 10 个的规模，并且至少保持前置部署 3 艘航母，那么就需要开始考虑用新的航母逐步取代一些老的"尼米兹"级航母。同时，人们也希望通过在下一代航母上采用最先进的技术和工艺，最大限度地降低航母全寿命周期中美国联邦政府的总预算。在此情况下，美国国防部和海军在 2002 年 12 月提出了 CVN-21 计划，最终演化为一个全新级别的航母首舰"福特"号。

"福特"号航母在 2017 年服役，在它身上体现了美国海军对航母设计的重大变化，其中仅是自动化水平和技术的飞跃性进步就使得"福特"号的舰员数量比"尼米兹"级减少了 700 人。最典型的就是"福特"号采用了全新的柏克德（Bechtel）舰用推进公司生产的 A-1B 压水反应堆，使维护工作量减少 30%，推进部门由此可以减少 50% 的人员。不仅如此，"福特"号还采用新的电磁弹射系统（EMALS）代替了蒸汽弹射器，并且引入了先进拦阻装置（AAG），也节省了不少人力，这两个变化也成为"福特"号航母飞行甲板的两个主要特征。下面罗列的是一些关键性的变化（还有一些变化将在以后的章节中详细分析）：

- 改进了甲板设计，一个更小的、重新设计的舰岛位于舰体右后部，提高了舰载机的出动架次率和作战效率（目标是 30 天以上，每天 160 架次），以及峰值能力（每天 270 架次）。
- 高容量的武器升降机和改进的集中式军械库，提高了武器移动效率。
- 采用舰艇防御系统（SSDS）的 Mod 6 改进型。该系统将多个传感器和防御组件集成在一个综合平台，该平台可以自主操作，也可以人工干预，即人们常说的"人在回路中"。
- 双波段雷达（DBR）在 2 个频率范围（S 波段和 X 波段）同时工作，将 X 波段 AN/SPY-3 多功能雷达和 S 波段立体搜索雷达（VSR）结合在一个最先进的防御套件中。
- 采用 RIM-162 改进型"海麻雀"舰空导弹。

在撰写本书时，"福特"号航母仍有许多系统问题有待解决，其进度将影响该航母和后续

左图 2017年7月，第23空中测试与评估中队（VX-23）的F/A-18F"超级大黄蜂"进近航母"福特"号（CVN-78）。

航母的最终配置，结果还有待观察。此外，虽然该航母代表了目前的最高技术水平，但美国海军也在考虑对其进行进一步的改进，比如安装定向能武器。

除了"福特"号航母（取代"企业"号），该级航母的二号舰"肯尼迪"号（CVN-79，计划取代"尼米兹"号）在2015年下水，计划于2020年服役。紧随其后的是一艘新的"企业"号（CVN-80，计划取代"艾森豪威尔"号），计划于2027年服役。之后还有两艘尚未命名的航母CVN-81和CVN-82，未来将分别取代"卡尔·文森"号（2030年）和"罗斯福"号（2034年）。[目前最新情况，"肯尼迪"号（CVN-79）、"企业"号（CVN-80）的服役时间分别推迟到2024年、2028年，"多里斯·米勒"号（CVN-81）、CVN-82的服役时间也都将往后延——译者注]

尽管未来航母的发展很大程度上依赖于先进技术的推动，但"福特"级航母与之前建造的超级航母一样，依然是个大块头：长1106英尺，飞行甲板宽256英尺，可携带75架以上舰载机。或许未来工程和技术革命可能会令超级航母也变得过时或者缩小尺寸，但在此之前，美国超级航母仍将是海上最强大的战舰。

下图 "罗斯福"号航母（CVN-71）与军事海运司令部（MSC）弹药船"邦克山"号（T-AE 34）进行垂直补给（VERTREP）。"罗斯福"号是首艘采用模块化建造工艺建造的"尼米兹"级航母。

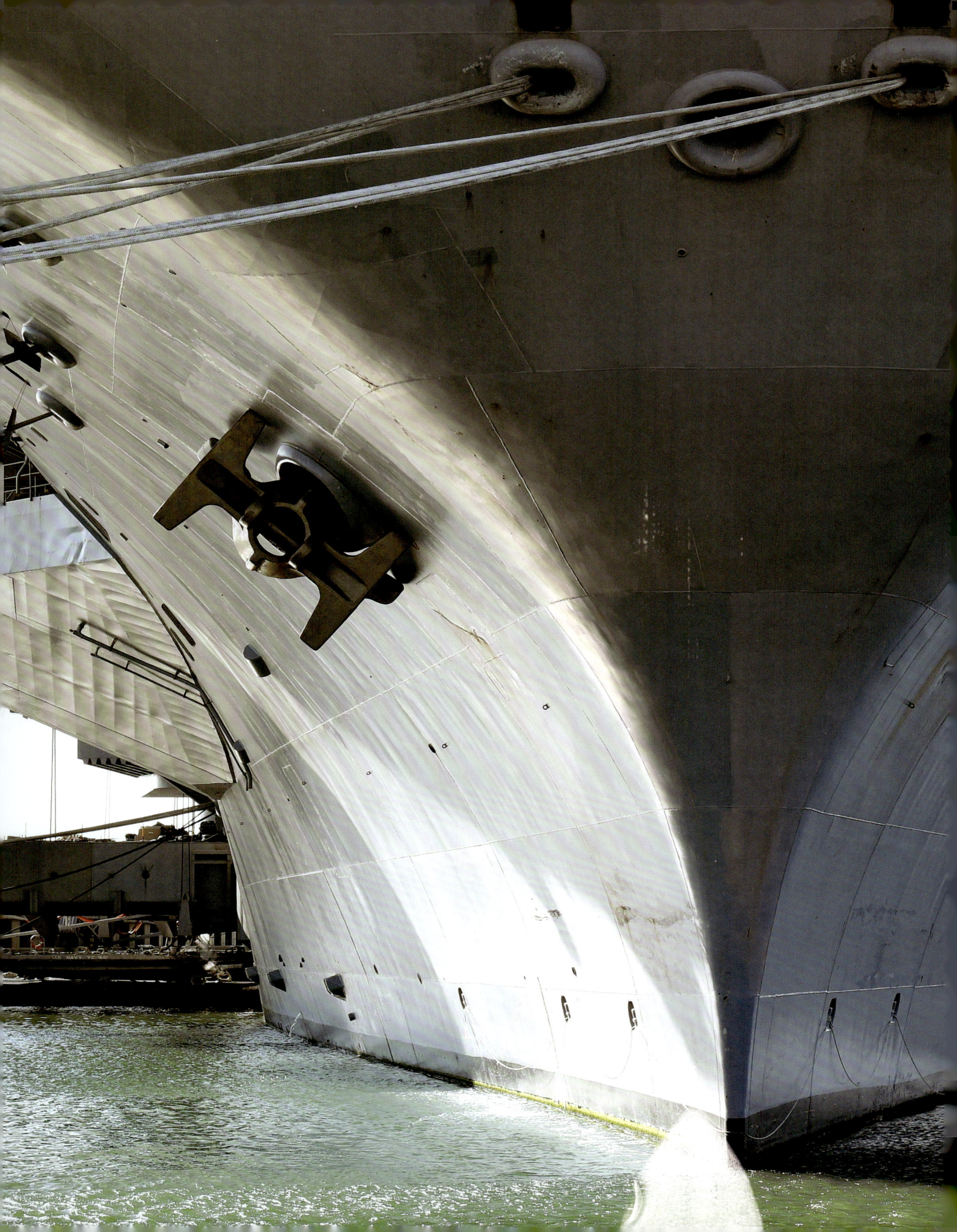

第二章

结构、主要系统和部门

美国海军超级航母被称为"海上城堡"是恰如其分的。对初次接触者和新水手来说，超级航母神秘又令人敬畏。但随着时间的推移，他们都将逐渐适应航母的运行规则，熟悉航母上主要部门的职能。

左图"艾森豪威尔"号航母（CVN-69）的舰艏特写照。请注意，与水线处的舰体相比，飞行甲板从两侧向外伸出很远。

本章介绍美国海军超级航母的基本结构和设施。为了保持一致性，我们仍将以"尼米兹"级航母作为主要分析对象，在适当的地方或信息可公开时，加入"福特"级航母的主要区别和差异。

超级航母的庞大且复杂的结构，意味着本章不能深入探讨其上的所有空间和设施，我们会在后面的章节中对一些重要设施进行补充说明。总之，在这里我们将详细介绍超级航母的船体构造和人员配置，同时也介绍包括动力装置在内的一些主要设备。

概述

舰体稳定性

超级航母在外形上最明显的两个结构特征是宽阔的飞行甲板和位于右舷的占用甲板面积有限的舰岛。之所以要将舰岛的尺寸尽可能缩小，目的是最大限度地为舰载机作业提供空间。

超级航母的飞行甲板宽度与水线处宽度（即舰体宽度）之间的区别也很引人注目：在"尼米兹"级超级航母上，飞行甲板最宽处为254英尺，而水线处的宽度为134英尺。尽管在外观上给人一种头重脚轻的感觉，但实际上航母的稳定性极其出色，即使在极其恶劣的海况条件下也具有良好的航行特性，其适航性、复原性等都不是其他水面舰艇能够相比的。这首先得益于舰体下部采用了宽而圆的外形设计，

下图 2019年10月29日，在纽波特纽斯造船厂干船坞里的"福特"级航母二号舰"肯尼迪"号的舰艏特写。

并且合理运用压载物和配重。大部分最重的设备（包括核反应堆舱和主机舱）、一些关键的存储区域（包括大约3000美吨军械和弹药）都被分配到航母的最底部。液体存储也集中在航母的下半部分，包括淡水和300多万美制加仑的JP-5航空燃油都保存在舰体两侧的垂直型燃油舱中，海水压载也能保证航行稳定。

超级航母上所有的液体总计超过500万美制加仑，构成了一个可移动的压舱物，根据海况、装载效果和战斗损伤等情况来调整，在航母舰体的两侧各有5个专门用于此目的的列表控制舱。当舰体在水下被鱼雷或水雷击中时，这些液体还能起到一定的防护作用（液体能够吸收部分爆炸产生的冲击波）。舰体采用双底龙骨设计，两层壳板之间的空间实际上形成了一个外侧海水和内部载人空间的隔离区。

超级航母的另一个稳定因素就是其尺寸。"尼米兹"级航母的水线长度约为1040英尺。这意味着舰体的长度超过任何波浪的波长，即使在非常恶劣的天气中也是如此。因此，航母在海上航行时即使遇到最大的波浪也能顺利通过。

甲板及内部结构

从小型独立行政舱室到机库甲板那样的大型舱室，"尼米兹"级航母的内部有2000多个不同形状和大小的独立隔舱。简单来讲，航母舰体被一些垂直肋板和甲板或层分隔，里面包括23个水密横舱壁和10个防火舱壁，可将严重受损的部分隔离开来，以控制受损区域的海水涌入和火灾的蔓延。

接下来我们从上到下来看甲板结构。在飞行甲板下面是走廊甲板（也称船舷下甲板），然后是机库甲板（飞行甲板和机库甲板在第三章有详细介绍）。机库甲板的长度是航母长度的2/3，有3层飞行甲板高。它与主甲板（也称第一甲板）首尾高度平齐。主甲板之上的各层甲板和平台，统称为上层建筑甲板，用"层"（Level）指代，由下往上按升序编号，如01、02、03层等；主甲板之下的各层甲板统称为下层甲板，用"甲板"（Deck）指代，

由上到下为第二甲板、第三甲板等。[在航母上，机库甲板才是主甲板，飞行甲板不是（一般是04层）。原因在于早期的航母都是从其他军舰，如战列舰、巡洋舰改装而来的，改装方法一般都是保留舰体，拆掉主甲板以上的原有上层建筑，在主甲板上重新设计和加装机库，然后是机库上面的飞行甲板。而原有的战列舰、巡洋舰的主甲板当然还是改造后航母的主甲板，毕竟主甲板以下的舱室编号已定，没必要重来，因此与主甲板平齐的机库甲板自然也是主甲板，飞行甲板等就是往上编号了。后来的航母都是重新设计和建造，但这种编号传统还是保留了下来，而且主甲板以下才是按照整体水密要求设计的——译者注]。

关于"尼米兹"级航母到底有多少"层"和"甲板"，消息来源略有不同（一些"尼米兹"级服役后进行的改装改变了甲板编号），一般大约有8个甲板和11个层，其中第八甲板是货舱（也就是说第七甲板是最后一个有人居住的甲板），04~11层是飞行甲板到舰岛顶部。航母的直立肋板（立柱）也被编号，从航母艏部开始，编号数字朝着舰艉方向移动而增加。

左图 核动力航母众多水密门的其中一扇。在"亚伯拉罕·林肯"号（简称"林肯"号）航母上，共有1141个水密门。

"靶心"

右图 核动力航母上成千上万个"靶心"板之一，为舰员提供一种在航母内部进行逻辑定位的方法。

为了帮助工作人员在复杂的超级航母内部行走，航母上的每个舱壁上均有醒目的字母数字序列，这就是所谓的"靶心"。它不仅指示舱室在航母上的位置，还指示舱室的功能。信息按以下顺序给出：甲板编号、船肋编号、与舰体中线的关系（偶数表示你在左舷，奇数表示你在右舷）和隔舱功能，信息的每个要素之间用连字符"-"。

海军手册中的"靶心"示例：3-75-4-M。

它分解如下：

3 = 03 甲板
75 = 隔舱的前边界或者紧靠 75 号船肋
4 = 中线到左舷的第四个隔舱外侧
M = 用于弹药存储的隔舱

描述航母隔舱使用情况的代码为：

A = 补给和存储
B = 枪炮
C = 舰船控制
E = 机械
F = 燃油
L = 住舱
M = 弹药
T = 通道和走廊
V = 空闲
W = 淡水

舰岛

舰岛的总体职能是充当指挥和控制中心，既可以驾驶航母航行，也可以引导舰载机的起飞和回收。舰岛还是许多雷达、传感器和通信系统的安装平台，在其上可以看到密布的各类雷达和电子设备天线。舰岛是"尼米兹"级航母唯一的上层建筑，高约 150 英尺，但底部宽度仅 20 英尺。将舰岛的外形轮廓设计得如此窄小，目的是避免舰岛占用太多的飞行甲板空间。

不同的"尼米兹"级航母在舰岛设计上存在一些差异。例如，"里根"号和"布什"号航母的舰岛就进行了重新设计，为航空舰桥提供更大的空间（在早期航母上，航空舰桥也就比一般的家庭主卧略大），而且还有一根包含大部分传感器的综合桅杆。而建造较早的一些"尼米兹"级航母，特别是首舰"尼米兹"号和二号舰"艾森豪威尔"号在进行中期换料大修时，把舰岛上的最高两层移除了，并且还安装了新型天线桅杆。

从未来发展趋势看，"福特"级航母的舰岛代表着超级航母舰岛的重大发展方向。由于采用新的平板阵列雷达系统和双波段雷达（DBR），"福特"级舰岛的长度有所减小，但在高度上要比"尼米兹"级高出 20 英尺。更引人注目的是，它的位置也与"尼米兹"级舰岛有很大差别，安装在距离舰艉 140 英尺、距离右舷外侧 3 英尺处。

在主桅杆下方的舰岛顶部（010 层）是航空舰桥，由于占据着较高的位置，所以能够俯瞰整个飞行甲板。航空舰桥的工作人员在"航空老板"的领导下，负责对半径 5 英里的航母控制区内所有舰载机的起降和空中飞行进行指挥。

再往下一层是航海舰桥，这里是负责操纵航母并进行领航。指挥官（舰长）通常在航海

左图 "艾森豪威尔"号航母上的舰岛局部特写,主飞行控制室,即航空舰桥位于最顶端,周围是密集的甲板照明阵列。

上图 "艾森豪威尔"号航母（CVN-69）的司令舰桥（也称"旗桥"）内部，透过玻璃看到的是"斯坦尼斯"号航母（CVN-74）。在拍摄此照片时（2019年9月），这两艘航母都停靠在弗吉尼亚州的诺福克海军基地。

下图 司令舰桥内部的电话直接向与飞行作业有关的一些关键人员提供通信。

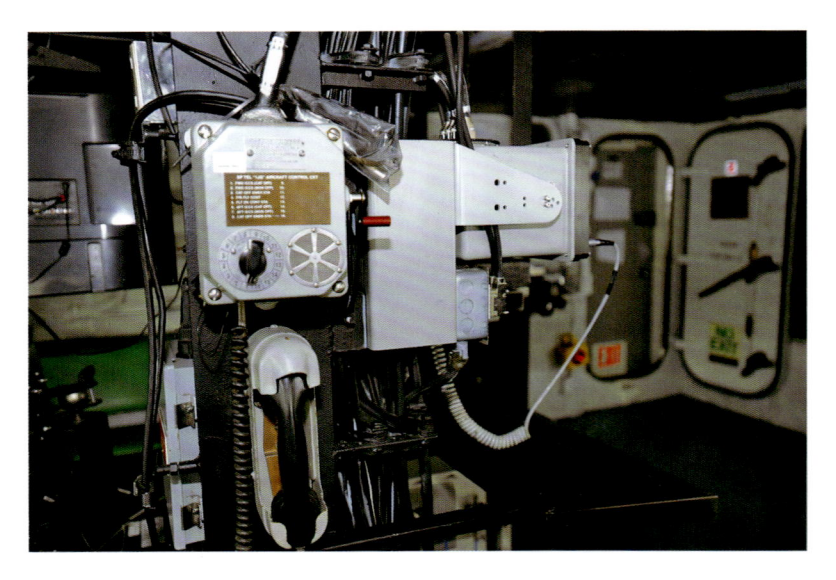

海军将领使用。舰岛的下面几层包含一些可以辅助上级做出高效指挥决策的舱室，如雷达室和气象室。在舰岛的最下层是飞行甲板控制室，负责舰载机在甲板上的调度、弹射和回收作业，并将前述作业指令传达给飞行甲板上的工作人员。

飞行甲板

第三章将详细介绍飞行甲板的设备和作业。这里笔者只提一点，飞行甲板的主要目的当然是安全弹射和回收航母舰载机。实际上，航母飞行甲板由两部分组成：用于舰载机回收作业的斜角甲板和用于舰载机弹射作业的直通甲板。必要时，斜角甲板上也可以进行弹射作业。

超级航母的飞行甲板由高强度低合金钢（HSLA）制成，这种金属材料具有比普通碳素钢更高的抗冲击强度和耐腐蚀性。根据大多数公开资料所说，用于"尼米兹"级航母飞行甲板的具体钢板类型有HSLA-100和HSLA-115。

在钢板的表面上有厚厚的MS-375G涂层，这是一种由环氧树脂制成的重型防滑甲板涂层，既能为舰载机的机轮和甲板上人员的鞋子提供足够的附着力，防止在飞行甲板上滑动或滑倒，又非常坚硬耐磨，能够承受舰载机的机轮和拦阻索反复摩擦带来的冲击。拦阻索在舰载机停下来时伸展回缩，会造成用力击打甲板的情况，为减轻撞击的影响，在飞行甲板表面的关键位置还安装了防震垫。

MS-375G涂层呈凹凸不平的波纹状，能增大附着力，但是在舰载机的弹射和着舰达到规定次数后需要整体更换。MS-375G涂层一般以1美制加仑或5美制加仑规格的套件提供。请注意，MS-375G涂层还可以抵抗酸性和碱性溶剂、油脂、洗涤剂、汽油、喷气机燃油、液压液、火焰和喷射气流。飞行甲板上最重要的设备是弹射器、拦阻装置和燃气导流板。

舰桥上控制航母。驾驶台上主要操作人员是舵手，他们在舰长或舰长指定的军官指挥下操纵航母；较低级的舵手负责将动力指令传递到机舱。此外，航海舰桥里还有负责监督航行的值更官。

航海舰桥下一层是司令舰桥。这是一个相对较小的空间，被密密麻麻的电子显示屏填满，供负责指挥整个航母打击群（CSG）的

上图 航母飞行甲板的特写镜头，可以看到将舰载机固定在甲板上的数百个垫板孔眼之一，同时请注意防滑涂层的波纹效果。

右图 飞行甲板照明充足。在夜间着舰期间，飞行员一旦捕获拦阻索就会触发照明，将飞行甲板照亮，如白昼一般。

走廊甲板

走廊甲板夹在飞行甲板和机库甲板之间，是航母主要内部甲板的第一层。设置在这一层最重要的部门是容纳作战指挥中心（CDC，以前称为作战情报中心/CIC）和航母空中交通管制中心（CATCC）。作战指挥中心负责控制航母的防御系统，空中交通管制中心负责管制航母打击群半径5英里以外的空中行动。

走廊甲板的其他舱室还包括一个通信中心、舰长住舱和旗舰指挥官住舱（均位于舰岛正下方的中央位置）、飞行中队准备舱室（首尾都有，舰载机飞行员在这里接收飞行简报、整理飞行装具）、燃油补给站舱室和一些工作间。走廊甲板还设有弹射器的机械装置。

右图 机翼折叠的一架F/A-18"大黄蜂"系留在"福特"号航母（CVN-78）的飞行甲板上。注意舰岛上的平板阵列雷达结构。

第二章 结构、主要系统和部门

右图"艾森豪威尔"号航母（CVN-69）机库内部。请注意右侧前景中的机库隔间伸缩门及其在地板上的对应轨道。

机库甲板及周围甲板层

"尼米兹"级航母的机库甲板被分成3个机库隔间。机库最主要的用途是在作业期间停放、检修和维护舰载机，并作为舰载机转运到飞行甲板前做准备工作的场所。为方便进行所有的作业，机库的空间巨大——机库甲板整体有3层甲板高、110英尺宽、685英尺长。机库的作业人员不仅要处理60多架舰载机的摆放和移动问题，还要组织数量庞大、种类庞杂的零部件和供应品，小到一盒螺丝，大到整台发动机，不一而足。"尼米兹"级航母共有4部升降机（"福特"级有3部），负责在机库甲板和飞行甲板之间转运舰载机和相关物品。

机库甲板的最后面是喷气发动机车间，航空机械师可以在该车间对舰载机的发动机进行检测和试车，包括使发动机全功率运转（喷气发动机车间位于舰艉，因此可以将发动机试车时产生的废气安全地排放到海上）。在紧邻机库甲板的甲板层，我们还发现有许多空间专门用于维护舰载机和航空电子设备，以及存储备件、压缩气瓶和其他与舰载机相关的物品。主要设备包括为弹射器提供动力的蒸汽机械。

舰员设施

在航母主甲板以下的前部和后部设有大量集中的舰员宿舍、厨房、军官起居室、娱乐设施和洗衣间。其中洗衣间位于舰艉位置，分布在两层甲板上，一间用于洗涤衣物，一间用于晾干和熨烫衣物。

舰员的住宿质量一直是"福特"级航母设计的焦点。"尼米兹"级航母的一个特色（并非完全受欢迎）就是设置有巨大的、可容纳180名水手的住舱，这个嘈杂的大空间，十分不利于休息和良好睡眠。鉴于"尼米兹"级航母在住宿方面被水手们大量吐槽，于是"福特"级航母的设计师对水手住舱进行了优化设计，利用编制舰员大幅减少的优势，选择了40人的住舱，甚至更小的住舱，这些住舱明显安静了许多。每个住舱的铺位都是3层床架结构，每名舰员都有自己的私人储物柜。在住舱区域的生活条件方面，"福特"级航母的设计师也进行了精心考虑，为每个住舱都配备了淋浴、厕所和水房。而在"尼米兹"级航母上，舰员们可能需要在舰上穿过一段距离才能进入这些设施。

对舰员福利方面的改进不会只停留在住宿标准上。为了保持舰员和空勤人员的健康，"福特"级航母上配备了3个专门建造的健身房，这与"尼米兹"级简单的健身房形成了鲜明的对比。"福特"级航母上的3个健身房总共占用的面积达3085平方英尺,里面布置了最新的健身器材。考虑到现代舰员往往是互联网设施的重度使用者,"福特"级还设置了许多提供高速Wi-Fi的专用休息室。值得一提的是,休息室里的电视也有支持无线网络的点播功能。

在"尼米兹"级航母上,空调设备位于舰体前部约1/3处,与机库甲板平齐。在核动力航母互联网论坛上可以看到很多抱怨甲板下温度高、生活条件差的帖子,特别是部署到中东或热带太平洋水域时,此类问题就显得更加突出。"尼米兹"级航母的热蒸汽管道交错排列,输送由反应堆的蒸汽发生系统导出的蒸汽;而"福特"级航母的9台空调设施都是电力驱动,不是蒸汽驱动。宣传资料还介绍,"福特"级航母上几乎每个空间都通过柔性软管系统获得适当的通风,这也确保了空调效果的一致性。

"福特"级航母另一个有趣的特点是提供19个"自己动手"(DIY)的隔间,通过对控制台、灯光和舱壁布局系统进行灵活调整,可实现不同的用途。据媒体报道,一些正在进行大修的"尼米兹"级航母也将采用"弹性甲板"系统。

上图 "艾森豪威尔"号航母(CVN-69)上的典型两层铺位,供初级或中级军官使用。

左图 航母甲板之间的通道主要就是这里看到的传统扶梯,但进入工程或军械空间通常是垂直扶梯。

下图 "艾森豪威尔"号航母(CVN-69)上宽敞的舰长室。

37

第二章 结构、主要系统和部门

右图 "艾森豪威尔"号航母（CVN-69）的一个锚，显然经受了前一次航行的考验。这个锚重30美吨。

右图 "艾森豪威尔"号航母（CVN-69）上的锚链。

上图 在前景中，"艾森豪威尔"号航母（CVN-69）上两个立式起锚机之一，链条从弓形管道中伸出。

右图 核动力航母锚链的锚链管。

锚和链

超级航母的舰艏部装有锚和锚链系统。考虑到超级航母的巨大体量，所采用的双锚自然也是惊人的存在——每个锚重达 30 美吨，而支撑它的锚链长 1082 英尺、重 307.5 美吨，每一个单独的链环就重达 365 磅。

两个可拆卸链接之间的一段锚链被称为"锚段"。整个锚链被分成 12 个锚段，每个锚段长度为 90 英尺。转环锚段可防止锚链因航母转动而过度绞扭。当航母上的舰员下锚时，通常放出的锚链长度是海水深度的 5~7 倍，这样锚链就沉在海底，为航母提供足够的稳定作用。

锚链存放在位置较低的锚链舱中，通过被强大的起锚机向前或向后拉动来落下或升起锚。每个锚段都固定在与起锚机相连的特定通道内，以确保在操作过程中锚链不会打滑。如果发生打滑，考虑到锚链系统的巨大重量，产生的后果将是灾难性的。与"尼米兹"级航母不同的是，"福特"号的新型锚和锚链要轻得多，每个锚重 16.5 美吨，1440 英尺长的锚链上的每个链环重量减轻到 136 磅。

下层甲板

超级航母的下半部分由 2 个大型反应堆舱和相关的机械舱、传动轴通道、舵机和军械库组成（将它们置于水线以下，可以在一定程度上避免这些重要而敏感的空间受到周围海水的侵害）。在"尼米兹"级航母上，军械的主要存储地方有两处，一处在航母中部，另一处在后部弹药库和舰艉之间的中间位置。武器升降机负责在弹药库、军械装配室和飞行甲板之间运送军械。在"尼米兹"级航母上，前反应堆舱和相关的机械舱将这些弹药库隔开，后反应堆舱和 2 号机械舱大致位于舰岛前部下方。

有关后勤保障，我们将在第六章中详细介绍，在这里我们还是先根据一些公开的资料，简单讲讲核动力装置的基本运行原理。

动力装置、推进装置和操舵装置

"**尼**米兹"级和"福特"级航母的"心脏"都是由2座核反应堆组成的,它们位于航母内部深处。"尼米兹"级航母采用的是2座威斯汀豪斯A-4W反应堆("A"指代航母,"4"指反应堆的类型/版本,"W"是制造商威斯汀豪斯的英文首字母),每座功率高达14万轴马力。"福特"级航母的反应堆是2座由柏克德(Bechtel)舰用推进公司生产的新型A-1B反应堆。采用这种新型动力装置背后的原因是"福特"级航母高度重视自动化和运行过程的数字化,并且需要比"尼米兹"级航母更多的电力输出。A-1B反应堆的热功率在700兆瓦左右,比A-4W反应堆高25%左右。在此基础上计算,A-1B反应堆所产生的蒸汽驱动力可以产生12.5万千瓦的电力,2座A-1B反应堆所能产生的总功率高达35万轴马力,用来驱动4个传动轴。据计算,与威斯汀豪斯的A-4W反应堆相比,A-1B反应堆的运行人员将减少50%。

在第一章中提到了核动力与常规动力相比所具有的优势,其中最大的优势就是可以不受燃料供应限制,让航母具有近乎无限的续航力。例如,威斯汀豪斯的A-4W反应堆在需要更换核燃料棒之前,可以满负荷运转20~23年,这种近乎全寿命周期的续航力给航母带来的战略优势是显而易见的。

关于美国海军核反应堆的许多信息都是严格保密的,公众能获取的信息来源也大多局限于原理说明或辅助信息,不会透漏任何具体的技术细节。不过,就凭这些公开信息,也足够让我们深刻认识到核动力装置是如何运行和产生这种优异持久动力的。

美国超级航母采用的都是压水堆(PWR),这也是目前世界上所有核反应堆(无论是在海上还是陆上,军用还是民用)中最常见的一种形式。简单地说,压水堆是通过控制核裂变过程来产生热量,这些热量被用来产生高压蒸汽,从而驱动涡轮机,为舰艇提供各种形式的能量。

反应堆压力舱是整个反应堆系统产生动力的单元,包括反应堆堆芯、堆芯保护壳(超过100美吨铅包层)和反应堆冷却剂。压水堆使用高浓缩铀燃料棒产生核裂变反应,释放出巨大的热量。压水堆以加压的、未发生沸腾的轻水(即经过净化的普通淡水)作为慢化剂和冷却剂,加压的水在主冷却剂回路(第一回路)中流经反应堆容器(通过保持水的压力,可以防止水变成蒸汽,至少目前是这样)。当这些加压的水通过堆芯时,会迅速吸收核燃料棒的热量。在威斯汀豪斯A-4W反应堆的前辈A-1W和A-2W反应堆中,水温可达525~545°F(274~285°C)。

在第一回路中,过热的水离开堆芯之后进入一个热交换器系统(也被称为蒸汽发生器)。在这里,通过传热管,即数以百计的金属管(由铬镍铁合金、合金600或合金690制成),在主冷却剂回路和次冷却剂回路(第一回路和第二回路)之间形成一个传热界面(注意,两个回路中的水都是由大型电泵驱动的)。第一回路的过热水将热量传给第二回路中的水,使后者沸腾,产生过热、增压的蒸汽。第一回路中的水冷却温度下降,进入堆芯,完成第一回路水循环;第二回路产生的高压蒸汽推动涡轮机做功(一部分蒸汽被引导到涡轮发电机中,驱动发电机发电;剩余蒸汽则被引导到蒸汽轮机,驱动舰船的螺旋桨),然后经过冷凝器降温变成液态水,再经预热器进入蒸汽发生器,完成第二回路水循环。由于2个冷却剂回路都是封闭系统且彼此完全独立,这也意味着反应堆产生的蒸汽没有放射性。还有一点需要注意的是,核反应堆不像柴油动力、燃气动力那样需要空气或氧气,可以与大气完全隔离。因此,除非特殊要求,舰船在设计时不需要为反应堆舱设计通风管。

如果管理得当,舰用核反应堆是可靠、安全的,而且运行稳定。与陆上民用核电站的反

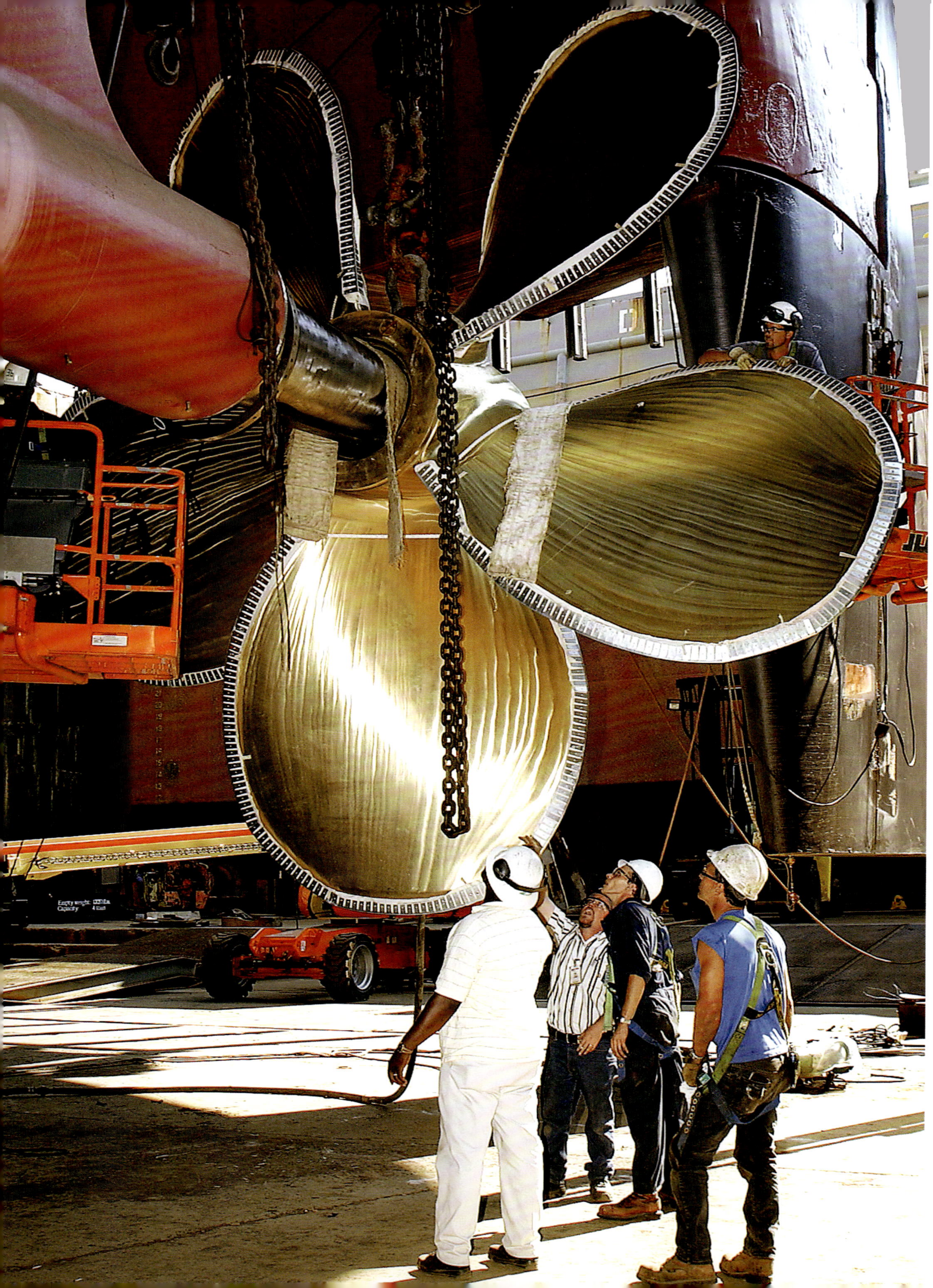

上页图 纽波特纽斯造船厂的员工将螺旋桨重新装在了"华盛顿"号航母（CVN-73）的3号大轴上。

应堆相比，在航母或其他海军舰艇上安装的反应堆会有一些特殊的要求。首先，舰用反应堆必须能够实现快速、频繁地改变电力输送方式，这与民用核反应堆不同，后者往往以相对恒定的速度持续发电，将电力稳定地输送给电网使用或存储。其次，舰用反应堆要能够在舰船横摇、纵摇的情况下可靠工作；而陆上民用核电站就基本不用考虑这些问题，因为大地是稳定的。再次，舰用反应堆需要考虑在海战中遭受重大战斗破坏的风险。虽然反应堆防护设计是高度机密的，但我们可以自信地说，航母上的反应堆可能是世界上保护最好的能源生产设施。这就意味着，不管战斗的威胁程度如何，只要反应堆装在航母上，安全操作程序必须达到最高标准。最后，反应堆的设计安装还需要适应超级航母的紧凑空间和舰体深处的形状轮廓。

"尼米兹"级和"福特"级航母都有4根传动轴，两两安装在左舷和右舷。固定螺距螺旋桨是个庞然大物：在"尼米兹"级上，每个青铜制造的螺旋桨直径为21英尺，重量超过30美吨。转向由2个舵来完成，每个舵长29英尺、宽22英尺，重50美吨。尽管超级航母的尺寸和排水量非常大，但这些舵的可操纵性却令人惊讶。"林肯"号、"杜鲁门"号和"艾森豪威尔"号等航母进行的高速舵试显示，航母转弯时的力量之大，可让舰身倾斜达到10°~15°。对于航母来说，这是一个非常明显的倾斜。如果出现由液压系统故障导致方向舵直接控制失败（即所谓的"舵机故障"）的情况，那么航母的尾部舵机部分就会直接控制方向舵，防止航母在海中翻沉。也就是说，"尼米兹"级航母的方向舵是很可靠的。

舰艉有2个操舵室，各自负责1个舵。燃油动力泵（每个舵2个）在艉操舵时启动，推动舵面偏转，实现转向。艉操舵的主要目的是将舵转为正舵状态。一旦回到正舵状态，舰员就会将舵锁定，同时尝试维修方向舵。实际的操舵指令从航海舰桥口头传达给艉舰操舵人员。如果机械装置失效，那么艉操舵将采用手动，通过手摇曲柄和大型螺纹轴来转动舵面。

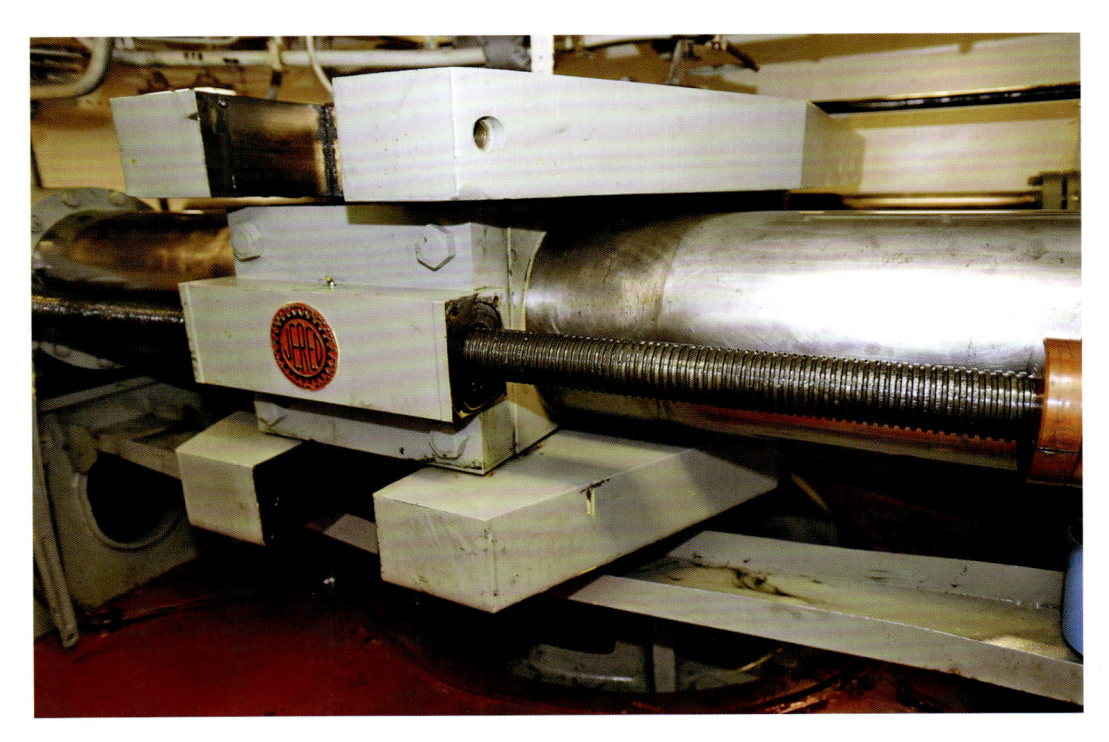

右图 艉操舵杆上的螺纹螺丝，由超大号的扳手手动转动——在动力装置失灵的情况下，这可以提供最后一种转舵的方法。

上图 纽波特纽斯造船厂的工人在"林肯"号（CVN-72）的 RCOH 期间，为该航母安装右舵。

部门

在基本了解了航母的主要结构之后，后面的章节将探讨能够让航母尽展所能的关键作业系统——弹射和回收舰载机。但在此之前，我们要意识到舰船是一个由人组成的系统。尤其重要的是，美国的超级航母是人类工程学的一件浩大之作，通过最为错综复杂、令人惊讶的强大通信系统和职能系统，将人与航母融为一体。因此，我们在开始后面的介绍之前，先来了解一下航母的主要部门，以便让我们更好地了解航母的主要功能。

我们在这里对航母主要部门的介绍按英文字母顺序排列。需要说明的是，以下大部分信息来自于美国海军"布什"号航母的公共事务部门。尽管所有"尼米兹"级航母的总体原则基本一致，但不同的"尼米兹"级航母在机构组成和使用术语方面可能会存在细微差异。

行政部门

航母上的行政部门由 45 人左右组成，分为 6 个分部，负责航母上所有 3500 名左右舰员的行政工作。相比之下，45 人显然是一个规模较小的团队。他们的具体职责包括（全舰人员的）薪酬和津贴、舰员信息和备忘录、离职和重新入职、教育和职业建议等。此外，行政部门还负责督查执行航母上有关毒品和酒精类的管理规定。

舰载机中级维修部门（AIMD）

舰载机中级维修部门负责为舰载机联队提供维修服务，同时也负责为航母打击群中其他舰艇上的舰载机及与航母打击群联合行动的独立单位提供维修服务。

航空部门

该部门负责舰载机在飞行甲板上的弹射和回收。它的顺利运作对保证美国超级航母的整体任务的实现至关重要。航空部门的具体职责包括操作蒸汽弹射器、拦阻装置和视觉着舰辅助系统；在飞行甲板和机库周围安全调度舰载机；维护舰载机加油系统；并为飞行甲板和机库隔间提供消防保障。

作战系统部门（CSD）

作战系统部门负责操作和维护航母上的防务通信和监视系统，以及舰载指挥和控制系统所依赖的信息化基础设施。美国海军的一份文件对"布什"号航母上的作战系统部门的责任是这样说明的：

负责空中搜索、空中交通管制，水面导航雷达、航母内部和外部的有线和无线通信、全球定位系统和导航传感器、控制和显示系统，以及各种安全和非安全网络软件、硬件的维护和操作可靠性保障，提供电子邮件、网络和其他服务。与此同时，作战系统部门还负责出入港的网络安全、指挥控制系统和武器系统的维护，保证航母和航母打击群的作战人员能够正常使用。

（https://www.public.navy.mil/airfor/cvn77/Pages/Departments.aspx）

宗教事务部门（CRMD）

该部门负责航母上的宗教事务方案和咨询服务。宗教事务部门的其他职责还包括实施社区联系项目、学校志愿者项目，以及充当航母与红十字会、舰队及家庭服务中心（家庭服务中心提供一系列内容广泛的方案，服务面向美军各战区和美国国内各区域的所有美国海军）之间的联络点。

左图 舷号印在"艾森豪威尔"号航母（CVN-69）舰岛的侧面。

甲板部门

甲板部门人员的主要职责是维护和操作舰锚。除此之外，他们还负责救生筏（约127艘，每艘可搭乘50人）、航行中的补给站（UNREP）、系泊缆绳、航母外部舰体状况及各种重要机械设备的操作管理，包括起重机、吊杆和吊艇架。

下图 2008年，在波斯湾的"杜鲁门"号航母（CVN-75）进行飞行作业时，一名航空（燃油）下士拖着加油软管穿过飞行甲板。

上图"艾森豪威尔"号航母（CVN-69）上的药房。

牙科部门

牙科部门为航母上的所有人员提供口腔保健服务，一般有 18 名人员，其中包括 5 名牙科医生。在"布什"号航母上，牙科部门通常每天治疗 60 多名患者，提供从日常的口腔卫生到口腔手术的服务。"布什"号航母拥有齐备的牙科设备及设施，包括 6 个牙科手术室、1 套手术设备和 1 个设备齐全的牙科实验室。在发生重大伤亡的紧急情况下或进入全舰战备状态时，牙科团队也将为航母上的其他医疗团队提供支持。

机电部门

机电部门是航母上技术最精湛的部门之一，负责操作和维护舰上除核反应堆外众多的电气和机械设备。该部门有各类专业技术人员 300 多人，其中包括专业消防队员、专业机械师、焊工、电工、柴油机机械师、机械技师等。除了在航母上工作，这些工程师还将协助航母打击群的其他舰艇解决机电方面的问题。

卫生部门 / 医疗部门

该部门负责为航母上的所有人员提供基本医疗服务，同时还负责收治航母打击群中其他

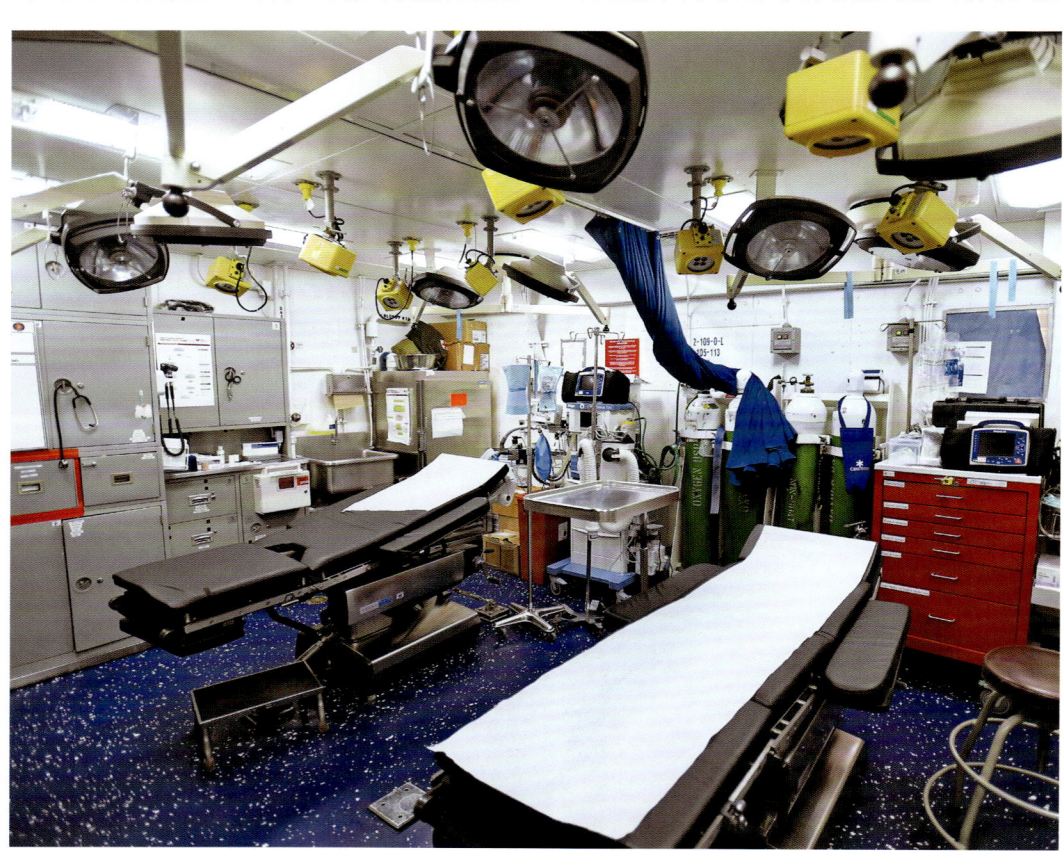

右图"艾森豪威尔"号航母（CVN-69）上的一个创伤中心。医疗训练队（MTT）还向所有舰员提供急救指导。

舰艇转运到航母上的伤员。医疗设施包括手术室、重症监护病房、X光机、化验室和1个有50多张床位的病房。除保障航母人员的身体健康之外，该部门还提供接种疫苗、理疗和职业健康服务，以及专业的精神病学／心理学知识服务。

情报部门

该部门负责处理从内部部门、电子战（EW）系统和外部机构汇集于航母的情报信息，并将这些信息分发给航母上的有关部门和人员，如作战指挥中心（CDC）、舰长和航母打击群指挥官。部门划分包括航母情报中心（CVIC）、舰船信号开发空间（SSES）和电子战小组。

法务部门

该部门的主要职责是督查整艘航母的秩序和纪律，也为航母的指挥系统提供法律咨询服务，确保采取的所有行动都在适当的法律和道德框架内。除此之外，该部门还向舰员提供个人法律援助。

媒体部门

作为航母上的公共事务部门，媒体部门一直很忙碌，不仅要提供和处理公共媒体信息，还要在航母上通过印刷物、社交媒体、视频和音频广播等形式，向舰员发送重要的新闻、简报和事件通报。该部门包括专业摄影师、视频制作人和平面设计师，负责航母上的所有媒体设计服务。

航海部门

该部门主要是为超级航母在世界濒海和深海地区安全航行提供导航服务。实现这一目标的主要手段是高科技数字化系统——舰载雷达加上全球定位系统（GPS）和网络化的卫星信息，同时航母上也保留了传统海上导航方式（包括纸质海图、罗盘、六分仪，甚至天文导航）。

左图"艾森豪威尔"号航母（CVN-69）的舰岛，新的天线桅杆是在2001年5月至2005年3月的RCOH期间安装的。

上图 通过航空舰桥后窗看到的场景。

作战部门

该部门的规模相当大，大约有300人，主要负责舰艇的作战任务，为航母、舰载机联队和航母打击群制定演习和作战计划，以及监视和控制战术级别的空中交战、操作舰载防御武器系统。此外，该部门还负责监测和评估大气和海洋数据，并将这些数据纳入作战计划、训练和演习中。

反应堆部门

该部门由400多名船员组成，主要负责航母核反应堆的高效和安全运行。他们不仅要保证航母的正常航行，也需保证为弹射器弹射提供足够的高压蒸汽，以及舰上用电需求。该部门还负责生产淡化水，以及分配舰上淡水舱里储存水的供应，并输送供加热、洗衣和厨房用的蒸汽。

安全部门

该部门负责对航母上的人员进行有关职业和操作安全的所有事宜的监督和教育，以确保舰员在健康安全的环境中工作，并优化、合理调配安全程序。

后勤部门

该部门有将近400人，负责航母的后勤保障工作。他们为舰员提供几乎所有的个人和作业需求，包括主要的必需品，如食品和燃油。该部门不仅负责仓储管理，对库存物品进行监测和分配，也负责安排航母在海上或港口的补给工作。此外，该部门还负责鼓舞士气、举办福利及康乐活动（MWR），保证舰员在长时间出海时的身心愉悦。

训练部门

该部门主要负责设计和实施航母训练计划,以确保舰员具备适当的技能,为战斗行动和常规任务做好准备。每一位新舰员在上舰后的几周内,都要完成基础训练计划。

武器部门

该部门共有 5 个分部,总计 300 多名人员,主要负责武器弹药的存储、装配(特别是为炸弹、导弹安装引信、制导套件和弹翼)和处理从轻武器到机载弹药所有常规武器和爆炸装置。

航母上的各部门之间是共生关系,一个部门出现问题就会很快影响到其他部门。因此,舰长会要求每个部门都力求完美。至于整个系统如何进行协同工作,将是我们后续章节讨论的重点。

上图 2008 年 6 月,在波斯湾执行任务期间,一名航空军械员在"林肯"号航母(CVN-72)飞行甲板上使用滑车转运 2 枚 500 磅 BLU-111 通用(GP)炸弹,准备挂载到一架舰载机上。

下图 "艾森豪威尔"号航母(CVN-69)上众多军械升降机之一。上面的数字显示其最大工作负载为 10500 磅。

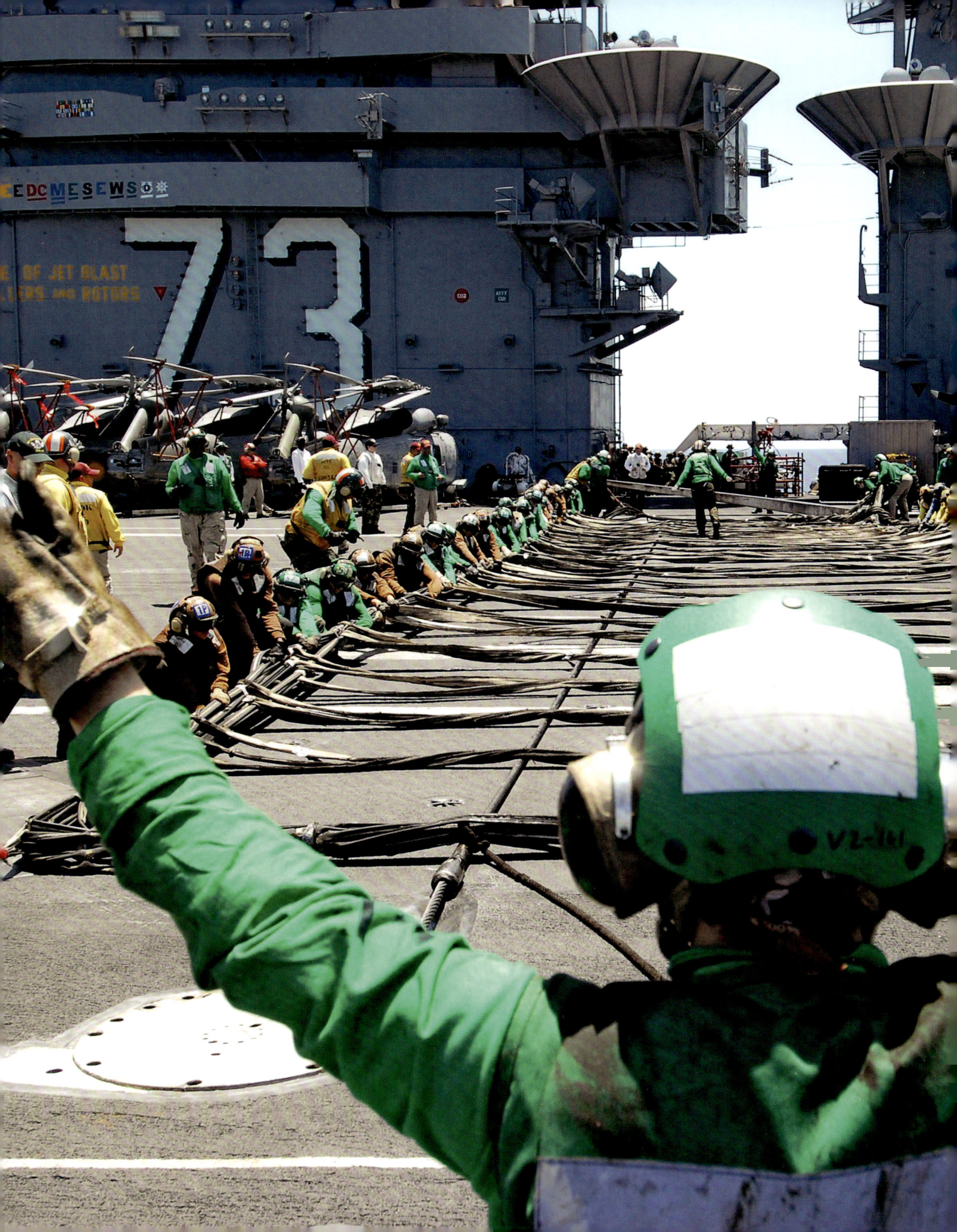
73

第三章

飞行甲板、机库甲板和主要空勤人员

尽管一艘美国超级航母与其他大多数舰艇放在一起时，显得巨大无比，但航母上的每一处空间都需要仔细规划。这一点在飞行甲板和机库甲板上表现得尤为明显，其空间必须能满足一个最多拥有90架舰载机的舰载机联队（CVW）停泊和操作的需求。

左图 一名美国海军下士在"华盛顿"号航母（CVN-73）上的演习中，用手势指挥水手们架设舰载机拦阻网。

上图 气象士官泰勒·凯恩在"布什"号航母（CVN-77）上用风速仪测量风速和风向。

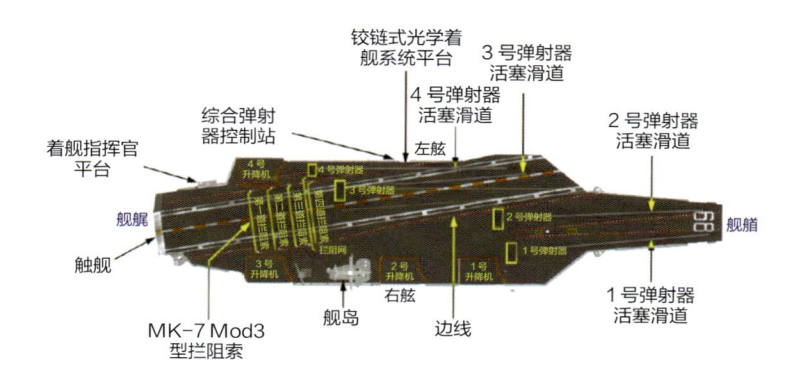

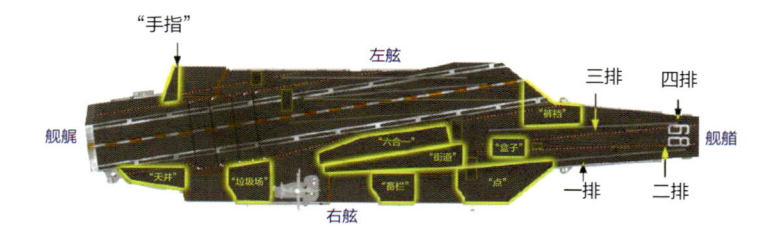

左图 核动力航母飞行甲板的基本布局和设备位置。

现代超级航母的飞行甲板是一个令人惊叹的作战平台。仅从面积上看，就令人难忘——"尼米兹"级航母飞行甲板的面积为4.5英亩（1英亩=4046.856平方米），长1092英尺，最宽处为250英尺8英寸。"福特"级航母更是增加了飞行甲板面积——长度为1106英尺，最大宽度为256英尺。此外，航母舰岛占用面积虽然较小，但是高度更高（参阅第二章）。在美国超级航母的飞行甲板上，可同时举办3场橄榄球比赛。

不过，不要被这样的数据所误导。如果是一个空荡荡的空间，飞行甲板无疑是巨大的；可它是一个作业空间，就显得十分紧凑和拥挤了，以至于作业时的人员和喷气式舰载机之间的距离只有几英尺。"尼米兹"级航母飞行甲板的最大容机量是20架（原文如此，实际上"尼米兹"级航母飞行甲板的最大容机量要比这个数字高出1倍——译者注）。想象一下，这些舰载机有的正等着起飞，有的刚刚着舰；在这些喷气式舰载机周围还聚集一小群飞行甲板人员，根据预先设定的任务参数为舰载机加油和重新调度，进行紧急维护，并为下一次作业重新设置弹射器和拦阻系统。在此情况下，看着很大的飞行甲板空间可能会突然显得非常拥挤，在安全方面更是只能容忍很小的误差。

在本章中，我们主要从布局和设备方面讲解飞行甲板和机库甲板的物理空间，同时我们还将探讨飞行甲板人员的具体角色，了解他们如何在飞行甲板上进行沟通与合作，让飞行甲板上的作业显得忙而有序。此外，我们还在前一章中介绍了航空舰桥和飞行甲板控制室（FDC）的作业和角色。了解这些知识之后，我们将在第四章再对飞行作业进行详细讲解，并且对舰载机作业背后的人员和设备进行更清晰的讲解。

飞行甲板布局

从"尼米兹"级航母的鸟瞰图上看,飞行甲板作为一个整体,分为了2个带标记的飞行带:①斜角甲板,位于左舷,与中心线成9°夹角,从其头部延伸到尾部的长度大约是航母全长的3/4,主要用途是舰载机着舰;②直通飞行甲板,从舰艏一直延伸到舰艉,是弹射舰载机的主要甲板。正如前面所介绍的,这2块甲板的位置意味着航母可以同时弹射和回收舰载机。

飞行甲板被分成几个功能区域,每个区域都有自己独特的昵称和用途。表3-1列出了一些最重要的区域。

飞行甲板上还有4部大型升降机,用于将舰载机从下面的机库甲板提升到飞行甲板,或者将舰载机从飞行甲板放下去送入机库。右舷有3部升降机,从前向后依次编号为1、2、3,其中3号升降机位于舰岛后部,而在3号升降机几乎正对面就是左舷的4号升降机。

蒸汽弹射器

"尼米兹"级航母在飞行甲板上总共有4部蒸汽弹射器,其中在斜角甲板上有2部左舷弹射器(3号和4号弹射器),在舰艏部有2部前置弹射器(1号和2号弹射器)。蒸汽弹射器型号是C-13-1("尼米兹"号、"艾森豪威尔"号、"卡尔·文森"号、"罗斯福"号),或C-13-2("林肯"号、"华盛顿"号、"斯坦尼斯"号、"杜鲁门"号)。这两类蒸汽弹射器的主要性能见表3-2。

表3-2 蒸汽弹射器主要性能

指标	C-13-1	C-13-2
动力冲程	309英尺8.75英寸	306英尺9英寸
轨道长度	324英尺10英寸	324英尺10英寸
滑梭和活塞重量	6350磅	6350磅
缸膛直径	18英寸	21英寸
动力冲程容积	1148立方英尺	1527立方英尺

(http://navyaviation.tpub.com/14001/css/Chapter-4-Steam-Catapults-139.htm)

表3-1 航母飞行甲板重要功能区域和用途

昵称	位置	用途
"垃圾场"	舰岛后部	停放消防车、舰载机牵引车和布置起重机
"悍马洞"	舰岛内侧	停放E-2C/D预警机和C-2运输机
"街道"	1号和2号弹射器之间	—
"行列"	1号弹射器右侧和2号弹射器左侧	F/A-18E/F着舰之后的停机位
"手指"	4号升降机后部	停放1架舰载机
"斜坡"	航母艉部的飞行甲板开始段	—
"炸弹农场"	舰岛和航母右舷之间的小区域	存放准备挂载的军械
"裤裆"	斜角甲板右前侧和舰艏左舷相交的区域	—
"六合一"	1号弹射器后面的飞行甲板中心位置,并且沿"界线"的区域	主要停机区
"畜栏"	舰岛前部与1号升降机之间的区域	工作区

左图 "艾森豪威尔"号航母(CVN-69)上的蒸汽弹射器的活塞滑道。

蒸汽弹射器的蒸汽来源于航母反应堆系统中获得的蒸汽，它被输送到弹射器的干蒸汽接收器或湿蒸汽蓄能器中，蒸汽压力保持在弹射舰载机所需的压力下。需要注意的是，每架舰载机都有自己的压力设置，且每架舰载机的压力设置根据起飞重量的不同而有所不同，而起飞重量又受到燃油水平和有效载荷等因素的影响。所以，如果弹射器的功率未根据舰载机起飞重量进行精确调整，则可能会引发事故。

弹射压力是通过改变从蒸汽接收器/蓄能器释放到弹射气缸（每部弹射器有2个这样的气缸）的蒸汽量来控制的，通过容量选择阀（CSV）总成来控制发射阀的开度。当蒸汽冲进气缸时，气缸内的活塞以巨大的动力向前推进——C-13-1和C-13-2都能提供8万磅力的推力，使舰载机获得140节的速度。活塞与滑梭相连，滑梭又与舰载机的前起落架相连，从而带动舰载机实现弹射。在活塞和滑梭的运行轨道尾端有一组充满水的水刹器，当活塞和滑梭的运动行程即将结束时，活塞前端的水刹锥会撞入水刹器中，水的压力逐渐增大，活塞逐渐减速直到完全停止。活塞和滑梭回归原位的动作是由一个附在复位液压发动机上的抓斗机构（复位牵引器）完成的：它沿着弹射槽向前推进，并连接到滑梭总成上；然后，复位液压发动机反转，弹射器就回到原先的待发位置。

活塞通过每个活塞顶端的小金属凸耳连接到滑梭上，这些凸耳实际上是通过每个气缸顶部的间隙凸出来的，利用橡胶法兰密封这些间隙，以防止蒸汽压力泄漏。滑梭通过安装在舰载机前起落架上的拖杆与舰载机建立正连接。

"福特"级航母通过采用新型电磁弹射系统（EMALS），在弹射技术上实现了重要的技术飞跃。与蒸汽弹射器相比，电磁弹射系统具有全面的优势——当然，前提是它能正常工作。在20世纪90年代末发表的一份早期电磁弹射系统评估报告中，美国海军空战中心的作者们介绍了蒸汽弹射系统的缺点和电磁弹射系统的比较优势：

美国海军目前正在研究电磁弹射技术，以取代目前和未来航母上的蒸汽弹射器。蒸汽弹射器很大、很重，并且不能通过反馈控制。它们会给舰载机的机身带来很大的瞬时载荷，而且维护起来很困难，也很费时间。海军舰载机向更重的方向发展的必然趋势将导致其对弹射能量的需求很快会超过蒸汽弹射器的性能极限。电磁弹射系统能提供更高的弹射能量，而且在其他方面也有实质性的改进，包括减少弹射器的重量、体积和维护工作量，增加可控性、可用性、可靠性和效率。

右图 电磁弹射系统（EMALS）使用的线性感应电动机示意图。

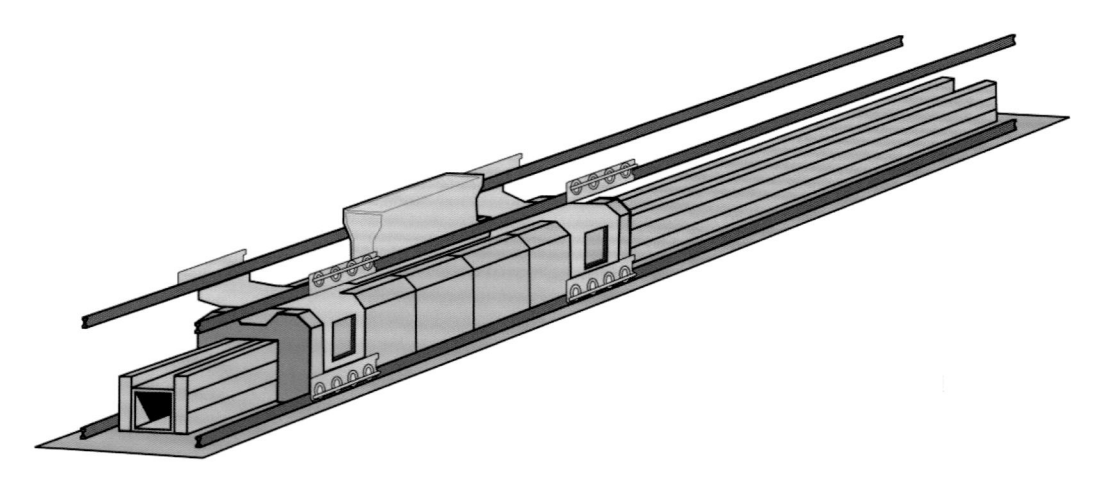

谈到可靠性，蒸汽弹射器的另一个问题是偶尔不稳定的牵引力爆发会导致机身损坏，而且系统的效率相当低（4%~6%）。相比之下，电磁弹射系统的功率转换效率高达 90%。

电磁弹射系统利用线性感应电机（LIM）产生磁场，推动滑梭沿着轨道弹射舰载机，这与新型电磁轨道炮（ERG）利用电磁力发射炮弹的方式非常相似，充电 45 秒，产生的能量相当巨大，在 2~3 秒的弹射过程中，可释放高达 484 兆焦的能量，能够使 1 架 10 万磅的舰载机在 300 英尺的弹射距离内达到 130 节的速度。不过，舰载电源难以满足电磁弹射系统所需的电力，因此采用 4 个飞轮储能装置来存储能量。

电磁弹射系统在 2010 年进行了首次弹射试验。从那以后，这项技术得到了越来越广泛的测试和改进。从理论上讲，一个标准运作周期的电磁弹射系统，输出功率要比传统的蒸汽弹射器高 25%~33%。但在持续测试中发现，电磁弹射系统存在很高的失败率，每 240 次弹射中就有 1 次失败（这些数据主要来源于 2013 年的测试）。这也使美国国防部在 2018 年表达了对电磁弹射系统的担忧，甚至美国前总统唐纳德·特朗普也对电磁弹射系统提出了批评。不过考虑到电磁弹射系统在技术上相对较新，这些问题很可能会逐渐得到解决，最终达到使用标准。

燃气导流板

弹射器准备进行舰载机弹射时，航母上的相关人员需要执行两个动作：①航母逆风航行，从而增加风速和自然升力；②在弹射力释放之前，舰载机需要达到全功率状态，也就是喷气式舰载机需要点燃加力燃烧室，将发动机的功率提升到最大。此时舰载机尾喷口喷射的火焰和热量显然是非常危险的，因为它们的最低温度也会达到 2300°F（1260°C），喷射速度达 1800 英尺 / 秒。燃气导流板（JBD）就是设计用来使发动机喷出的射流向上偏转，从而避免伤害到舰载机周围空勤人员的装置（尽管标准安全程序不允许人在弹射时直接站在喷气机后面）。除此之外，燃气导流板还有保护飞行甲板上其他舰载机的作用。

超级航母上的每部弹射器都配有燃气导流板。从外形看，起热防护作用的燃气导流板就

上图 工作人员从下方观察燃气导流板。这块燃气导流板装在"福特"号航母（CVN-78）上，采用新型耐热陶瓷冷却方式，而不是之前的海水冷却方式。

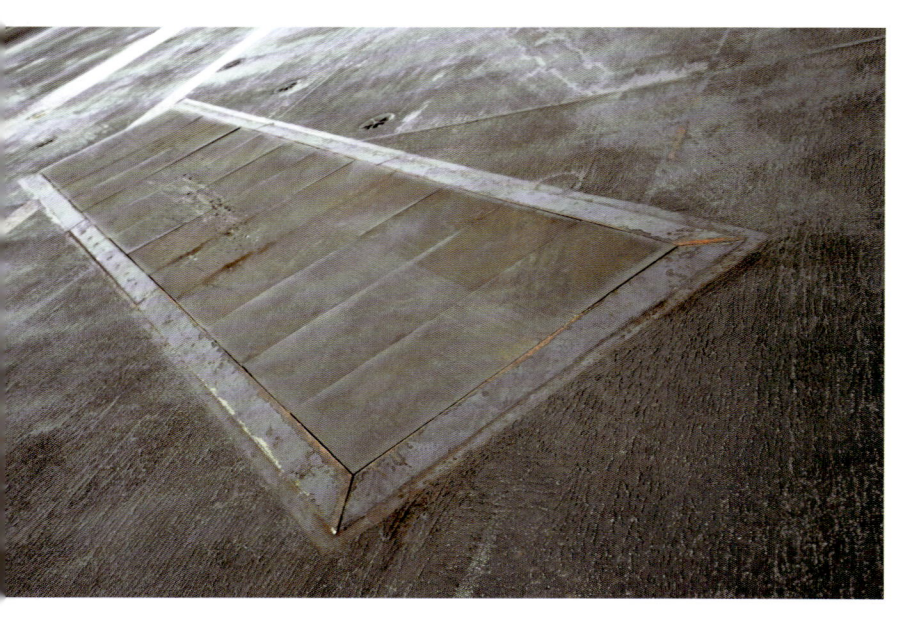

尽管燃气导流板的上表面是不粘型甲板，但2016年"航母甲板的燃气导流板冷却"（US657113B1）的专利说明，"每个导流板的下表面均由隔热材料制成，通过阻挡喷射燃气流来提供热防护；导流板在处于回缩位置时，通过甲板下方的冷却液或空气来冷却"（US Navy, 2002）。在美国超级航母上，冷却是通过灭火系统泵送海水给燃气导流板来实现的。快速冷却至关重要，因为燃气导流板如果过热，那么下一架准备弹射的舰载机在经过降至水平状态的燃气导流板时，起落架轮胎就可能因过热而发生爆胎，导致后续弹射作业无法进行。

"尼米兹"级航母的最后一艘"布什"号已经不再采用水冷却燃气导流板。虽然水冷系统是有效的，但它增加了燃气导流板的技术复杂性和维护要求。此外，即使是最有效的水冷系统也无法防止燃气对燃气导流板表面造成的严重损害，这就导致燃气导流板需要定期更换。因此，"布什"号航母采用的燃气导流板没有采用主动冷却系统，取而代之的是覆盖散热陶瓷的金属面板。这些陶瓷瓦就像航天飞机外表面的隔热陶瓷瓦一样。其主要优点是相比金属面板可以承受更高的温度，而且散热更快、更容易维护。航母上可以存储较多的散热陶瓷瓦，必要时可以迅速更换。

上图 核动力航母飞行甲板上的撞击垫之一。在回收作业期间，拦阻索会撞击这些垫片。

是一个巨大的矩形面板。当舰载机向前进入起飞位置时，燃气导流板与甲板平齐；当舰载机进入起飞位置之后，燃气导流板被液压控制系统提升到与飞行甲板成45°角，开始遮挡舰载机发动机开车之后喷出的燃气射流。

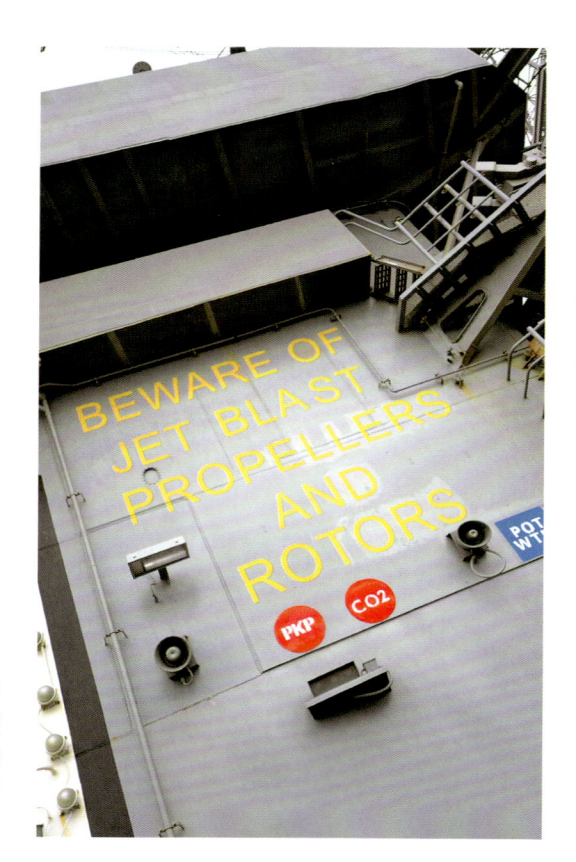

拦阻装置

拦阻装置是指用于使着舰的舰载机在航母甲板有限的长度范围内停下来的机械装置。这在机械上绝非易事，因为一架喷气式飞机在传统的陆上跑道降落时，通常需要5000~8000英尺才能完全停下来，而一艘航母却必须让喷气式舰载机在大约350英尺的距离范围内完全停下来。

"尼米兹"级航母安装的是MK-7 Mod3型拦阻装置。美国海军官方消息称拦阻装置整体功能如下：

航母上的舰载机拦阻分为正常拦阻和紧急拦阻。简单地说，拦阻是通过以下方式完成的：

右图 "艾森豪威尔"号（CVN-69）舰岛的侧面涂写着必要的警告注意事项，"PKP"和"CO2"是指灭火系统的位置。

横跨飞行甲板的着舰区有多道被称为"甲板吊索"的拦阻索,着舰飞机的拦阻钩挂住任意一条拦阻索,舰载机向前运动的力就被传递到拦阻索上。由于拦阻索绕在可移动的滑轮十字头和拦阻机系统的定滑轮组件上,着舰钩挂住拦阻索来拉动滑轮索,可移动的十字头被移向固定滑轮总成,于是拦阻索经过滑轮缓冲系统和一系列动滑轮组带动主液压缸的柱塞,将主液压缸里的油液(乙二醇)经定长冲跑控制系统挤压进蓄能器,压缩空气产生阻尼力,吸收能量,使舰载机逐渐减速,直到完全停下来,而着舰钩也随之与拦阻索脱离。

(US Navy, 2010, 3-1)

稍微扩展一下如下说明,美国超级航母通常有4根拦阻索,布置在斜角甲板后部1/3处,平行排列,从后向前依次为1~4号。有4根拦阻索的原因很简单,就是在舰载机进近时将飞行员有效"抓住"一根拦阻索的概率提高4倍(尽管所有的飞行员都以着舰钩挂住3号拦阻索为操作标准),这就减少了短距离着舰的风险。拦阻索必须非常坚固,这样才能满足着舰需要。不仅拦阻索要与舰载机的重量和速度相抗衡,而且正常程序还要求飞行员在舰载机以大约85%的功率与航母甲板接触时,迅速推油门至全功率,以确保舰载机即使错过了所有拦阻索,仍有足够的动力从甲板上复飞(这种情况称为"触舰复飞")。

美国超级航母上的MK-7 Mod3拦阻索有2种规格,分别是平钢绞大麻纤维芯拦阻索和平钢绞聚酯芯拦阻索,它们的直径分别为 $1\frac{7}{16}$ 英寸和 $1\frac{3}{8}$ 英寸,最小抗冲击力分别为187000磅力和205000磅力。聚酯芯线和麻

上图 2009年9月,新的拦阻索盘绕在"杜鲁门"号(CVN-75)航母飞行甲板上,随时准备更换。

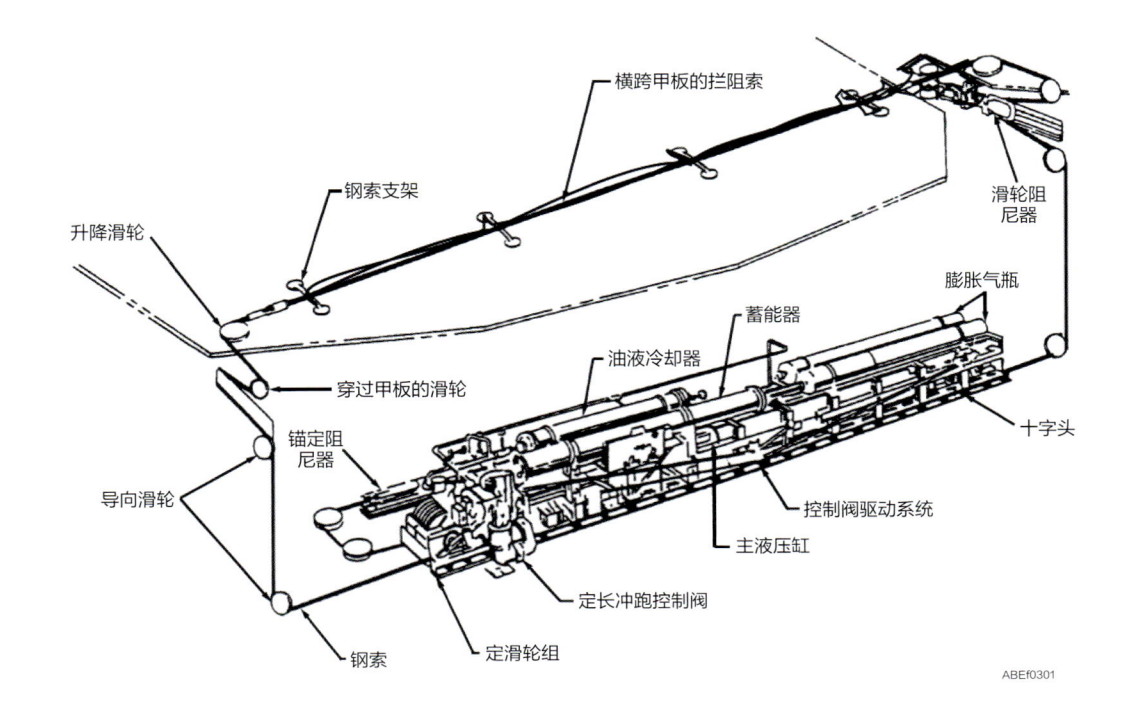

左图 MK-7型拦阻装置的机械结构。

上图 照片中的F/A-18"大黄蜂"的前起落架刚碾过第三道拦阻索并让拦阻索产生形变，此时飞机正以135节（250千米/时）的速度在美国海军"杜鲁门"号航母（CVN-75）上着舰。

芯线功能相同，都是提供灵活的缓冲性，避免拦阻索在猛然的张力下过载。（每根拦阻索是由6股钢丝绳组成，每股钢丝绳又是由12根主钢丝、12根中间尺度钢丝和6根呈三角状布置的细钢丝扭结而成。在每股钢丝绳之间还有铰接钢丝，每根钢丝绳芯部为油浸大麻纤维或聚酯纤维，绳芯中还有表明拦阻索生产厂家的识别带。为了确保阻拦作业的安全性，阻拦系统的作业条例都对拦阻索的使用次数和使用周期做了明确限定——译者注）

为确保拦阻索与舰载机的着舰钩接合，拦阻索被金属支架支撑在飞行甲板表面上方。该支架由预成形的板簧组成，这些弹簧将拦阻索的高度保持在 2~5½ 英寸。通过调整支架的外形高度，就能调节拦阻索距离飞行甲板的高度。

拦阻网

在紧急情况下，舰载机必须在无法进行正常拦阻的情况下进行着舰。这种情况通常发生在舰载机的着舰钩失灵或起落架损坏，以致不能进行正常的着舰作业时，这时就需要强制拦阻装置，也就是拦阻网。正如拦阻网的名字所描述的那样，它在本质上是一个重型织带网，横跨在飞行甲板上，并在动力式护栏支柱之间张起。该护栏的顶部距飞行甲板的高度为20英尺。该网也连接到拦阻机上，以消除机械惯性。如果一切按计划进

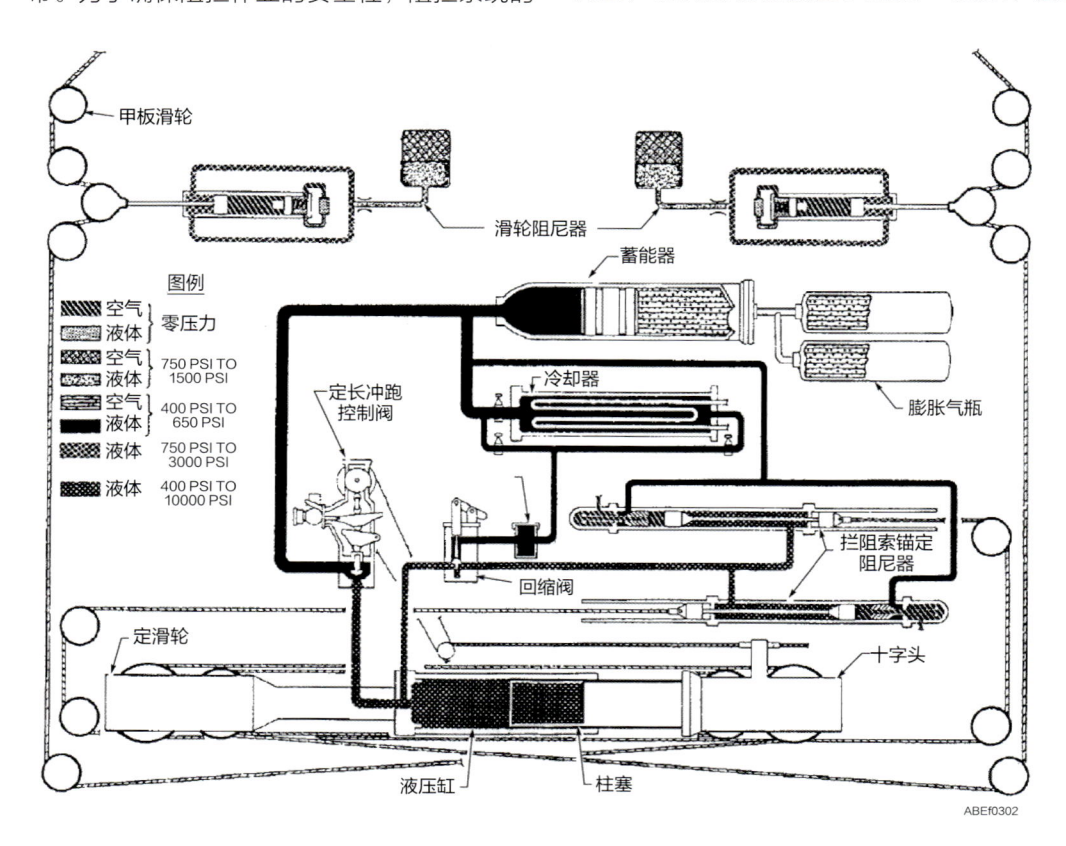

右图 MK-7 Mod3 拦阻装置在拦阻过程中的流体流动。

先进拦阻装置

右图 "福特"级航母上使用的先进拦阻装置的剖视图，注意中心的旋转吸能水轮机。

与弹射器一样，"福特"级航母在拦阻装置上脱离了"尼米兹"级的技术，装有通用原子公司研发的先进拦阻装置（AAG）。在撰写本文时，有关该装置的公开信息有限，但总的来说，AAG 使用带有简单吸能的水力涡轮（或扭转器）的旋转发动机，并与大型感应电机结合在一起，以实现对拦阻力的精细控制。最后一点至关重要，因为随着航母未来向包括轻型无人机在内的范围更大的舰载机类型开放，在拦阻设置中需要有更多的灵巧性和更广的使用范围，而 AAG 旨在解决这一点。

行，喷气式舰载机将撞入拦阻网，然后被强制拦停。

用于拦阻喷气机的 EC/C-2 拦阻网由尼龙或聚氨酯半涂层垂直接合带组成，它们垂直悬挂在上下载荷带之间。带子之间有规律地间隔，使舰载机的机头可以穿过，然后带子接触舰载机的机翼并环绕舰载机，从而强制其停下来。EC/E-2 拦阻网在织带中心有一个 40 英尺长的开口，当 E-2 预警机、C-2 运输机撞上拦阻网之后，机身和机翼内侧的螺旋桨可以穿过去，防止螺旋桨被织带缠结而受损，但是机翼中段和外段则会被拦阻网兜住，从而将螺旋桨舰载机强制拦停。拦阻网还具有多重释放总成，在

右图 检查跨甲板拦阻索高度的程序。高度应该是最小 2 英寸、最大 5.5 英寸。

钢索高度量规

检查最小高度

钢索高度量规

检查最大高度

ABEf0334

右图 应急拦阻网图解，用于拦截 F/A-18 喷气式舰载机。

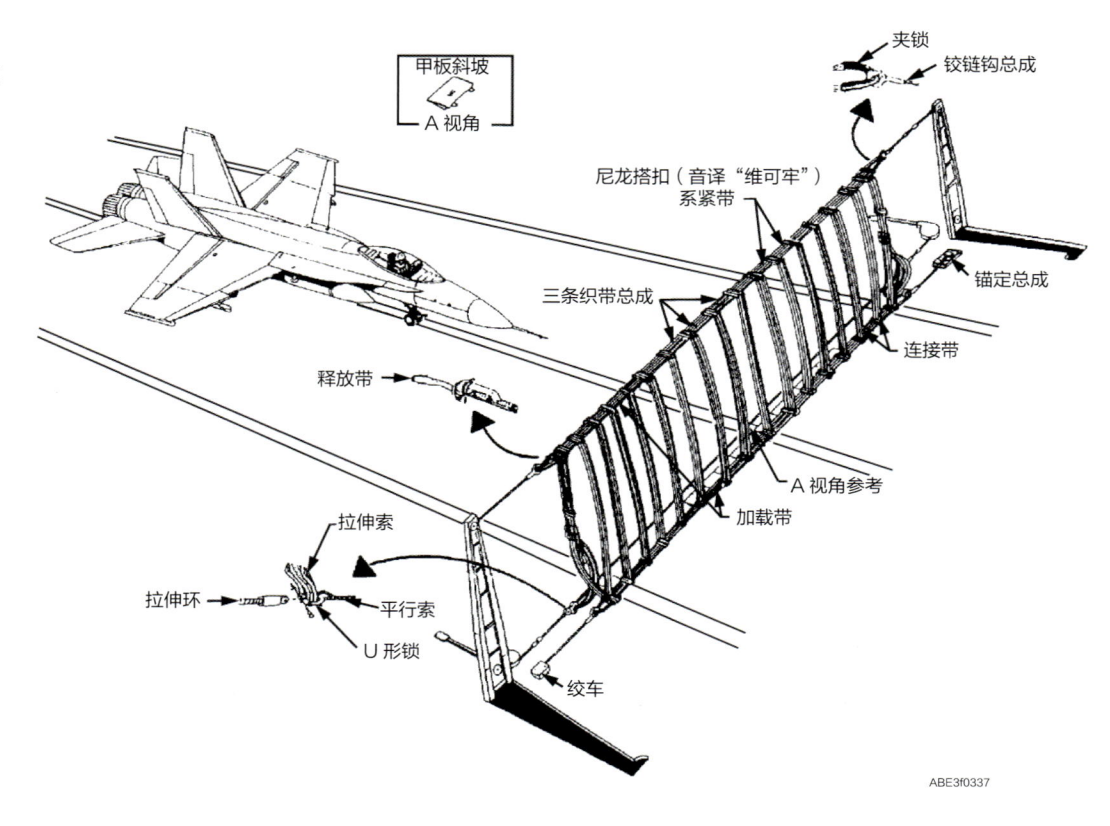

拦阻网的上下加载带与拦阻网支柱的张紧吊架之间形成容易断裂的连接关系。美国海军对多重释放总成的说明是：

> 多重释放总成由许多释放带组成。这些释放带附在加载带末端的环上。然后它们通过一个鹅颈钩装在张紧吊架上。在实施紧急拦阻时，舰载机撞上拦阻网的巨大冲击力会超过多重释放带的连接力，从而使拦阻网从张紧吊架上脱落，并落在舰载机上。接合的能量通过索具从拦阻网转移到拦阻机上。
>
> （US Navy，2010，3-37~3-38）

请注意，由于拦阻网强制拦停舰载机时遭受冲击破坏，因此只能使用一次，用过的拦阻网则会被丢弃。通常在机库甲板的拦阻网存储室中备有 3 张拦阻网，尽管数量很少，但足够用了，毕竟能够用到拦阻网强制拦停舰载机的情况极为罕见。

机务人员

超级航母的航空部是航母上最大的部门之一，共有 550 名工作人员，负责"安全有效地弹射和回收舰载机"。美国海军公共事务办公室将该部门分为 5 个分部：

V-1 分部： 128 人，负责飞行甲板舰载机的安全和调度，坠机落水飞行员的救援，飞行甲板的消防。

V-2 分部： 208 人，负责维护和操作 4 部蒸汽弹射器和相关机械、视觉着舰辅助装置（VLA）和拦阻装置。

V-3 分部： 79 人，负责机库甲板的安全和调度、消防、升降机操作。

V-4 分部： 96 人，负责操作舰载机燃油系统，为舰载机联队的舰载机提供燃油服务，承担所有舰载机的燃油存储和转运设备、燃油纯度检查和燃油补给。

V-5 分部： 39 人，在航空舰桥上负责空中管制和管理航空部门办公室（那里的文书工作似乎永远不会结束)。航空舰桥的主要人员包括航空指挥官("航空老板")、助理航空指挥官("迷你老板")和助理下属,他们对飞行甲板上的舰载机和视线所及在航母控制区内作业的所有舰载机负责。

飞行甲板人员,每个人的角色按照各自身上穿的球衣、马甲的颜色和头盔上的图案划分(本章稍后说明)。采用不同颜色编码,对飞行甲板人员的通信和安全都很重要——航母上的每个人都必须了解不同颜色的球衣、马甲与头盔组合所代表的职责,并且按照海军手册中规定的标准化程序进行相关作业。

左图 "杜鲁门"号航母(CVN-75)上的一位下士航空调度员在飞行作业期间使用发光的信号棒引导舰载机滑行。

下图 "斯坦尼斯"号航母(CVN-74)上的一名"射手"在指挥第1训练联队(TW-1)的T-45C"苍鹰"教练机弹射。

第三章 飞行甲板、机库甲板和主要空勤人员

飞行甲板的危险

航母的飞行甲板经常被描述为"地球上最危险的地方"。这句话还是比较贴切的。飞行甲板上最具威胁性的是喷气机的排气，它可能会严重灼伤舰员，也可能把人从甲板上吹到海里。在全功率状态时，喷气式发动机需要吸入大量空气，所产生的吸力能把一个成年人吸入进气口。固定翼舰载机转动的螺旋桨和直升机旋转的桨叶也具有类似的危险，高速旋转的叶片边缘会变得很模糊，很容易被飞行甲板上感官超载的工作人员所忽略（飞行甲板上的所有人员都佩戴着双重听力保护装置——泡沫耳塞加上传统的护耳垫——所以人对听觉警告信号的敏感性明显减弱）。舰载机产生的另一个危险是舰员可能会被在飞行甲板上处于移动过程的舰载机碾到；更糟的后果是，舰员可能受到处于弹射或回收过程中的舰载机猛烈撞击。

除了舰载机带来的威胁，作业中的航母飞行甲板上还有众多的燃油管道和已经装上引信的军械，如果处理不当，所有这些危险物品都可能导致爆炸或失火。此外，这些物品加上大量的阻块、链条、拖杆和缠绕在甲板上的拦阻索，构成了人员被绊倒和撞击等大量危险。正如一本《海军航空兵训练和作战程序标准化》手册（NATOPS）所载："不止一名舰员被导弹的翼面割伤后缝了针。"

飞行甲板上的危险还包括被舰载机牵引车之类的机械化舰面支援设备（GSE）碾过的危险。"艾森豪威尔"号航母上的医务人员告诉笔者，舰上最常见的受伤类型是头部被划破，因为从飞行甲板到龙骨，航母的结构件几乎都是由坚硬的金属制成的。

航母的飞行甲板不仅存在机械和材料上的危险，还有自然环境方面的危险。航母飞行甲板暴露于恶劣的自然环境下，其中包括接近飓风级别的强风，不仅能将人员吹出舷外，而且还会带来强降雨；高温和直射的阳光对人员的威胁丝毫不弱于强风，在近年海湾地区的作战中，航母飞行甲板的表面温度超过 122°F（50°C）的情景并不少见，这导致许多飞行甲板人员中暑甚至脱水。

黄球衣

舰载机调度官（ACHO）

也被简单地称为"调度者"，在舰载机的调度方面起主要监督作用，协助"航空老板"进行飞行作业。此外，还负责航空部训练小组（ADTT）。

飞行甲板官

负责在航母飞行甲板上进行安全、有效作业的方方面面，包括培训人员、保证辅助设备的工作状况和飞行甲板本身的物理状况良好。

弹射官

通常被称为"射手"，其职责是确保所有的舰载机都能够安全有效地弹射。他通过调度者从"航空老板"那里接受指令。"射手"的角色至关重要，因为他不仅要监看所有弹射设备的状况，而且还负责审查和评估机组人员的弹射技能。正因如此，"射手"都是海军飞行员出身，只有这样才能非常准确地按照弹射程序进行作业。"射手"给飞行员最后的手势，就是告诉后者可以起飞了，并且前者还要确保弹射器的重量设置是正确的，这样才能保证成功弹射。

舰载机事故救援官

负责监督在飞行作业过程中随时待命的应急救援人员和消防队，同时还负责对在飞行甲板上的现役航空部门人员进行常规的消防和安全培训。

ICCS/"气泡"

需要注意的是，弹射官在履行职责时位于综合弹射器控制站（ICCS）（称为"气泡"）中。在"气泡"内，"射手"可通过钢化玻璃板安全地观察周围的甲板。"气泡"内设置了所有必要的通信设备和弹射器控制设备，以实现弹射控制。"气泡"是可升降的：不用时可以放低到与飞行甲板完全平齐。每艘"尼米兹"级航母有两个"气泡"：一个位于1号和2号弹射器之间，另一个位于航母左舷4号弹射器的左侧。尽管"气泡"是弹射官的首选位置，但他们也可以使用位于飞行甲板侧面的露天"遥控站"。

下图 综合弹射器控制站（ICCS）的俯视照片。

拦阻官（AGO）

昵称"钩子"，负责操作所有回收设备和相关程序，包括对拦阻装置进行正确的设置。AGO的另一个作用是监测回收甲板区域是否有任何障碍物（包括人和物体）。如果发现甲板上有任何障碍物，AGO将迅速示意"污甲板"；如果一切顺利，则示意"净甲板"，舰载机可以自由降落。

舰载机引导员

向舰载机座舱内的机组人员提供目视指示，引导他们将舰载机滑行到飞行甲板上的正确位置。在白天，舰载机引导员通过手势传达指令；在夜间，舰载机引导员通过挥舞发光的黄色荧光棒来传达指令。值得注意的是，士官级别的舰载机引导员是不在飞行甲板上进行引导作业的，他们主要负责在机库进行引导作业。

左图 MK-7拦阻装置的升降滑轮组件。在维护过程中，实际的横跨甲板拦阻索已被移除。

左图 "福特"号航母（CVN-78）的2名航空（设备）军士在飞行甲板上架起燃气导流板。

上图 球衣颜色、头盔颜色和其他标记，表示飞行甲板人员的职能。

下图 "蓝球衣"牵引车司机，负责在飞行甲板上拖曳、垫阻和链接舰载机。

用无线电通信和发光信号来确保所有舰载机都能调整到正确的下滑角、高度和航线，以实现安全着舰。由于着舰指挥官必须对海军航空兵有基本的了解，因此他还是一名合格且经验丰富的飞行员。

飞行中队舰载机检查员

一般被称为"故障检查员"，负责对飞行甲板上的舰载机进行安全和适航检查。

医务人员

随时待命，为在飞行甲板上受伤的任何空勤人员提供实时的医疗援助。

蓝球衣

舰载机调度员和系留员

这些人员在飞行甲板上的舰载机之间快速移动，负责操作包括牵引车和舰载机启动装置在内的舰载机调度设备，并在甲板上用轮挡和链条固定舰载机。

升降机操作员（EO）

负责操作航母上的4部升降机，在飞行甲板和机库甲板之间转运舰载机。

红球衣

事故救护员

在特殊的消防车中待命，执行任何事故现场救援和消防任务。

军械官

负责在飞行甲板上安全处理和挂载所有舰载机上的武器弹药：不仅包括在执行任务之前为舰载机挂上装配好的弹药，还包括从返航的舰载机上卸下未使用的弹药。

舰载机大队（Carrier Air Group，CAG）武器拆装组

舰载机大队（这是舰载机联队的旧称，但在美国海军中仍经常使用——译者注）武器拆

白球衣

安全官及组员

密切监视飞行甲板上所有作业程序的执行情况，以确保这些作业程序符合所有公认的安全规则。

着舰信号官（LSO）

最常见的称谓是着舰指挥官，昵称"船桨"，以不戴头盔（可能会干扰其对进场舰载机的目视观察）而闻名。在舰载机回收阶段的作业过程中，着舰指挥官与舰载机直接通信，使

P-25消防车和AFFF

航母上主要的应急反应车辆是恩特威斯特尔（Entwistle）公司生产的P-25消防车，这款紧凑、低矮的车辆非常适合在狭窄的甲板空间行驶，具有很高的机动性。其上装有一个750美制加仑水箱和一个50美制加仑水成膜泡沫（AFFF）浓缩液箱，可以通过一个可变的泡沫分配系统来控制。

AFFF 是20世纪60年代开发的一种化学物质，专门用于扑灭易燃的碳氢化合物燃油造成的火灾。AFFF 的优点之一是它能在燃油表面形成一种抑制挥发的防护膜，隔离燃油和空气，阻止燃油外溢扩散到空气中。防护膜如果被空中掉落的碎片击破，AFFF 产生的泡沫还能将其及时密封。在美国的超级航母上，AFFF 系统是不可或缺的灭火系统，有无数的站点和软管随时待命（在甲板上，AFFF 软管站由一条18英寸宽的绿色带标示，上面有白色字母"AFFF"标记）。然而，最近有一份报告称 AFFF 含有潜在毒性，这可能导致其最终被取代。

上图 "福特"号航母（CVN-78）上的水手在飞行甲板作业测试期间，检查水成膜泡沫（AFFF）系统。

装组主要负责对从弹药库转运到飞行甲板上的弹药进行武装和解除武装的工作。

爆炸物处理人员（EOD）

排爆人员必须处置、解除或消除任何存在安全隐患的弹药。

右图 抢险设备存放在"艾森豪威尔"号航母（CVN-69）上的一个维修储物柜中。一旦发生火灾和其他紧急情况，维修储物柜就是应急反应站。

63

第三章 飞行甲板、机库甲板和主要空勤人员

军械调度员

他们被幽默地称为"BB 堆垛机",负责在飞行甲板上移动军械,同时还负责将军械挂装到舰载机上或从舰载机上卸下。

紫球衣

航空燃油员

航母飞行甲板和机库甲板上设有多个加油站。航空燃油员负责为舰载机加油和卸油。他们还为任何甲板或机库车辆提供汽车用的汽油,为弹射器提供润滑油,为喷气发动机测试单元提供燃油。由于球衣颜色为紫色,所以这些航空燃油员获得了"葡萄"的昵称。

绿球衣(弹射器操纵人员)

此类人员球衣背后标识为"C"。

弹射安全观察员

他们的责任是确保所有参与舰载机弹射器弹射的个人遵守正确的弹射程序和安全规则。

飞行甲板安全军士(TSPO)

他们负责检查轮挡和可重复释放装置是否安装正确,舰载机弹射牵引杆是否与弹射器上的滑梭相连,拖索是否与拖索式弹射的舰载机的牵引装置连接在一起。在弹射前,TSPO 是最后一个从舰载机下方离开的人员。

拦阻人员

他们负责安装舰载机拦阻装置、可重复释放装置、张力环和拉杆。此外,他们也负责在弹射前校准舰载机在弹射器上的位置。

中央甲板操作员

他们扮演着重要的沟通角色,向弹射官传达有关舰载机类型、起飞重量、机号和容量选择阀设置等信息,以确保弹射器为特定的准备弹射的舰载机进行正确配置。

燃气导流板(JBD)操作员

其职责是在每次弹射之前架起和弹射之后落下燃气导流板。

重量板操作员

其职责是在弹射前与空勤人员确认每架舰载机的起飞重量,并将此信息传递给"射手",后者将弹射器调整到正确的重量设置。操作员使用一块特殊的重量板向飞行员显示重量信息,飞行员则使用手势表达显示的重量是过低、过高还是正好。

绿球衣(拦阻装置操纵人员)

此类人员球衣背后标识为"A"。

飞行甲板军士(TPO)

其职责是监督拦阻装置人员正确操作拦阻装置和对拦阻装置进行维护。

甲板边缘操作员

其职责是在回收每架舰载机后复原拦阻装置。

着舰钩操作员(也称尾钩"奔跑者")

当舰载机在飞行甲板上成功着舰后,着舰

右图 "华盛顿"号航母(CVN-73)上的一位"葡萄"在为一架 F/A-18 "大黄蜂"加注 JP-5 燃油。

左图 "绿球衣"负责飞行甲板主要设备，包括弹射器和拦阻装置的操作和维护。本图中，"华盛顿"号航母上的"绿球衣"正在对一部燃气导流板（JBD）进行调整作业。

钩操作员要确保拦阻索从舰载机尾钩上脱开。一旦着舰钩脱开拦阻索，他们就发信号给甲板边缘操作员，让后者复原拦阻装置。

甲板检查员

他们负责进行一系列检查，以确保用于舰载机回收的拦阻装置处于正确位置；着舰区域既没有人员，也没有跑道异物（FOD）。尤其是后者对于飞行作业的安全性会造成很大影响，因为飞行甲板上的任何异物在喷气发动机工作时都可能是致命的，例如，进气道吸入异物之后就会损坏发动机。为了保证飞行作业的安全，清除异物的普遍做法是当飞行甲板不进行作业时，将飞行中队、舰载机联队和航母上的航空部门人员集中到飞行甲板上，然后排成与飞行甲板宽度相同的横队，从舰艏慢慢地走到舰艉，对飞行甲板表面进行仔细检查。

舰载机维修人员

他们主要负责舰载机中队的舰载机维修和保养。

直升机着舰信号员（LSE）

其职责是在舰载直升机起降时，为机组人员提供手势指示。

摄影师

飞行甲板上的摄影师负责拍摄照片和视频，然后用于训练和分析目的，或提供给媒体。

褐球衣

舰载机维护长

在每次飞行前后，舰载机维护长都要对舰

下图 在"林肯"号航母（CVN-72）的飞行甲板上，一名航空军械二等兵（E-2级别）正在擦拭"响尾蛇"中队（第86战斗攻击机中队，VFA-86）的一架F/A-18E"超级大黄蜂"战斗攻击机的座舱盖。

65

第三章 飞行甲板、机库甲板和主要空勤人员

上图 "杜鲁门"号航母上的着舰指挥官（LSO）在飞行甲板上引导飞行员进行最后的进近。他们都拿着一个"皮克尔（pickle）开关"，用来控制光学着舰系统（OLS）的灯光信号显示。

下图 "艾森豪威尔"号航母（CVN-69）航空舰桥内部的"航空老板"位置。"航空老板"最终下令舰载机的弹射、回收、移动（在飞行甲板和机库甲板上）和加油。

载机进行清洁并维护整体状况，以确保舰载机处于随时能够飞行的状态。此外，舰载机维护长还负责监督舰载机的发动机舰面启动程序是否符合规定。

这里所列的飞行甲板人员名单并不详尽，其他人员还包括负责监控直升机补给的垂直补给协调员、各种牵引车司机和机电人员等。不管有多少人在飞行甲板上，都必须集中注意力、认真观察周围情况、保持通信设备畅通，并严格按照作业程序进行作业，这样才能保证飞行甲板时刻处于忙而不乱的状态，避免发生事故。

除了上述人员，要保证飞行甲板上有序作业，还需要航空舰桥的人员、飞行甲板上的几个层别和飞行甲板控制（FDC）人员的协助。

航空舰桥

在"尼米兹"级航母上，航空舰桥位于右舷舰岛的第十层，内部空间很狭小。然而，在这很狭小的空间里却塞了很多人，他们的任务只有一个，就是确保舰载机在5英里半径内安全起飞和返航。在作业期间，航空舰桥里异常嘈杂，人员十分忙碌。

作为飞行作业的指挥控制中枢，航空舰桥一方面要汇入大量信息，另一方面要把信息处理之后形成指令向外发送。所有参与飞行作业的人员都要听从航空舰桥发出的指令，并且能够共享航空舰桥汇集的信息。

以典型的"尼米兹"级航母的航空舰桥为例，从左（后）位置按照顺时针方向来看，各类人员的职责如下：

视觉着舰辅助设备（VLA）控制员——其职责主要是控制飞行甲板上包括激光在内的各种照明系统和其他辅助飞行员着舰的设备。需要说明的是，航空舰桥上的人是看不见激光的，但是驾驶舰载机进近的飞行员会看到激光。激光会照亮拦阻索，帮助飞行员正确进近并最终准确地钩住拦阻索。

拦阻员——他们负责调整拦阻索的张力设置。这是一项对舰载机安全着舰至关重要的工作，如果拦阻索的张力设置过高，舰载机可能会因停得太快而摔到甲板上；如果张力设置过低，舰载机可能无法在甲板的有效距离内停下来，甚至可能失去着舰控制能力。每架舰载机在着舰时的重量都不一样，这不仅是舰载机型号不同导致的，而且即便是同一型号的舰载机，重量也不可能一模一样。因为舰载机的重量会随着飞行过程中燃油、弹药的消耗等因素不断发生波动。飞行员在舰载机进近时，要将自身的重量信息不断发送到航空舰桥，拦阻员再根据这些信息调整拦阻索的张力。

后方观察员——他们是"航空老板"的"眼睛"和"耳朵"，负责跟踪舰艉所有的舰载机，检查正在进近的舰载机是否放下着舰钩和起落架，以及识别舰载机的类型等，并将这些信息传给拦阻员和"航空老板"。虽说这种信息传递会产生一定的重叠，但却是必须要做的，因为重叠信息能够显著降低出错的可能性。后方观察员瞭望所有的拦阻索，以确保它们都已正确设置；同时还要保证既没有人站在着舰区内，也没有人站在着舰区边缘的狭窄通道上。

舰载机返回航母时，先围绕航母飞一个椭圆形航线。当舰载机在航母后方 2~3 英里处被后方观察员发现时，它必然是位于航母右舷上空，这个位置被称为"初始位置"。到舰载机绕着航母飞行到最终的着舰航线时，整个航线上还有其他 8 个指定位置。通过这种方式，航母的飞行控制人员能够在着舰航线上安排多架等待着舰的舰载机，并掌握每架舰载机的实时位置，同时把所有信息报告给"航空老板"和

下图 在"斯坦尼斯"号航母（CVN-74）的飞行甲板上，水手们对弹射器进行作业前检查。

第三章 飞行甲板、机库甲板和主要空勤人员

上图 "迷你老板"（助理航空指挥官）雷伊·莫里纳中校在"里根"号航母上观察 F/A-18C "大黄蜂"战斗攻击机的弹射。

中作业进行最终控制。这两位"老板"的职责基本相同，只不过"迷你老板"主要负责舰艏，而"航空老板"则主要负责舰艉。当然了，他们也会经常交换位置。他们会在同一时间接收到来自多种通信设备（包括航空舰桥内部天花板上的扬声器、桌子上的扬声器和头上戴的耳机）传来的信息。通过这种方式，他们可以听到来自飞行员、飞行甲板控制（FDC）和飞行甲板的所有通信（从本质上讲，航空舰桥上的其他人员负责收集舰载机的所有相关信息，并将其传递给"航空老板"和"迷你老板"）。他们跟踪飞行员和舰载机的状况，如果一架舰载机情况紧急，"航空老板"/"迷你老板"就会把这架舰载机放在着舰作业航线的优先位置，这样它就可以优先着舰；同样，如果一架舰载机有造成甲板事故的风险，那么它将被放在最后，以便在其紧急着舰时，其他舰载机都已安全着舰。"航空老板"/"迷你老板"也有权调整舰载机的弹射顺序（弹射顺序通常是由飞行甲板上的舰载机调度官来安排）。

"迷你老板"，让"老板们"能够对空中所有舰载机的实时状态了然于胸。

"航空老板"和"迷你老板"——"航空老板"（正式名称为"航空指挥官"）和他的助手"迷你老板"（助理航空指挥官）在航空舰桥上执行多种协调和指挥任务，并对航母周围的空

右图 航空舰桥内部面向左舷的位置。注意一些窗户上的有机玻璃面板，这些是用来以非永久性标记临时记下关键信息。

前方观察员——此人执行与后方观察员相同的任务，但专注于甲板着舰区域的前方。与此同时，前方观察员还将跟踪那些即将弹射的舰载机，并确保甲板上不会有妨碍弹射作业的人员。

ADMACS 操作员——其职责是使用航空数据管理和控制系统（ADMACS）记录舰载机弹射和回收时的一切信息（包括技术问题和试验性能）。每当舰载机进入航空舰桥的控制范围时，一切都会被记录在系统中。

塔台主管——其职责是监督航空舰桥上所有其他登记在册的人员，通俗地说就是一名监工。他要确保航空舰桥内的每个人都在正确做事，并在必要时提供帮助。当航空舰桥在作业

下图"艾森豪威尔"号航母（CVN-69）塔楼仰视图，可以看到各层窗户都是倾斜设置，这样是为了确保对飞行甲板有良好视野。

航空数据管理和控制系统（ADMACS）

美国海军对 ADMACS 的介绍如下：

ADMACS 是一种连接航空部门、舰艇分部和负责管理舰载机弹射与回收作业相关人员的实时战术数据管理系统，通过系统的局域网和综合海上网络和企业服务（CANES）网络来实时传输航空数据及与指挥相关的数据。重要的数据，如舰载机在飞行甲板和机库甲板上的位置，会显示在飞行甲板控制室的电子显示屏上。与此同时，ADMACS 还显示舰载机弹射和回收设备（ALRE）、燃油、武器与其他航空和舰艇相关信息。

（https://www.navair.navy.mil/lakehurst/product/aviation-data-management-andcontrol-system-admacs）

发展 ADMACS 的目的是通过自动化手段来减轻航空作业的负担，其本质上是飞行甲板和机库甲板的占卜板的计算机化版本。到 2020 年，美国海军的所有航母都已配备 ADMACS Block II 第一阶段标准版本。

上图 在"艾森豪威尔"号航母（CVN-69）的一部右舷升降机上看旁边的"杜鲁门"号航母（CVN-75）。

过程中变得非常嘈杂和拥挤时，塔台主管通常会在各个位置之间传信，比如后方观察员得不到"航空老板"的注意，那么塔台主管将在他们之间传信。此外，塔台主管还要接听来自航母上其他部门打过来的内部电话，并将相关信息传给"航空老板"和"迷你老板"。

飞行甲板控制

飞行甲板控制（FDC）人员的主要职责是负责舰载机在飞行甲板上的调度。当舰载机降落在甲板上时，舰载机调度官（ACHO）和他手下的调度员都要给这架舰载机在飞行甲板上或下方机库中安排位置。而且他们需确定该舰载机是否要再次出动，以制定相应的调度方案和发射准备。当然，他们所做的方案都需与"航空老板"进行沟通。

除了舰载机调度官，飞行甲板控制人员还有一些其他职位，其设置都是为了确保舰载机能够快速出动，并且保证作业过程安全、流畅。在飞行甲板作业期间，维修人员会将每架舰载机的实际状况通知给飞行甲板控制人员，比如舰载机是否准备好起飞，或者是否需要换其他舰载机起飞；军械人员确保每架舰载机都收到专门为执行任务而指定的弹药，而甲板上的加油站人员则负责给舰载机加油。需要指出的是，航母上的舰载机加油只能在甲板上进行，从来不会在机库内进行。原因很简单，就是当舰载机在加油时，万一发生火灾，在甲板上扑灭要比在甲板下扑灭容易得多。

占卜板

在飞行甲板控制室内部，最引人注目的设备是水平放置在飞行甲板控制室正中间的占卜板，其高度大约到成年人的腰部。占卜板不是用来搞什么迷信活动的玩意儿，而是一个按1∶16比例制作的飞行甲板模型，真实飞行甲板上的每个关键特性——灯光、弹射器、飞行甲板的标记等都会显示在这个模型上。

占卜板上面摆放着等比例的舰载机平面模型。航母携带的每一架舰载机都有自己的对应模型，并且带有所在中队的图案和舰载机编号。舰载机模型在占卜板上的移动［由升降机操作员（EO）负责］将实时显示每架舰载机的移动情况和具体位置（将舰载机模型从占卜板上的甲板轮廓线内移到线外空白处，表示该机处于飞行状态）。为了说明每架舰载机的当前状态

上图 从"艾森豪威尔"号航母（CVN-69）舰载机调度官位置所看到的占卜板。

和未来状态，通常会在舰载机模型顶部放置各种小物件——螺母、螺栓、彩色大头针和别针，等等。别看这些辅助工具很土气，但恰恰是这些最简易的小物件却能非常直观地表明舰载机的实时和未来状态。

在不同的"尼米兹"级航母上，虽然用在舰载机模型上的小物件相同，但所代表的含义不一定相同。在我们采访的"艾森豪威尔"号航母上，舰载机模型上的绿色大头针代表第一波从飞行甲板上弹射的舰载机，黄色大头针代表第二波弹射的舰载机，白色大头针表示需要让舰载机回到机库；舰载机模型上放置小孩玩耍的千斤顶玩具，表示舰载机需要利用千斤顶进行维修，比如更换前起落架轮胎；舰载机模型上放置较小的螺母，表明舰载机需要低功率转弯，放置较大的螺母则表示大功率转弯。要想牢牢记住辅助工具所代表的舰载机状态，相关作业人员需要接受大量的培训。

占卜板毫无疑问是上个时代的遗物，它到目前已经在航母上使用了70多年。尽管现在已经有了高科技的替代品，但是这种看似原始的手动占卜板仍然很受欢迎，甚至最新的"福特"号航母都不例外，仍然保留了手动占卜板，作为先进的数字化舰载机管理系统的备份。

占卜板之所以有如此大的魅力，主要原因在于它不需要任何电源，只需手动即可操作。所以，航母即使发生重大电气故障，飞行甲板控制人员仍可通过占卜板对舰载机进行实时、准确地管理。此外，占卜板具有三维合成和水平显示功能，使飞行甲板控制人员能够对飞行甲板活动进行可视化处理，并对甲板空间和机库活动进行精确定位。不过，占卜板也有比较明显的缺点，就是它容易被打碎，甚至舰员不小心碰一下，也会导致舰载机模型发生移位。此外，手动占卜板也无法与其他部门快速共享数据。

有鉴于此，"尼米兹"级航母的飞行甲板控制室现在都装有数字化占卜板。在撰写本书时，数字化占卜板中最主要的是基于航空数据管理和控制系统（ADMACS）的飞行甲板管理系统（FDMS）。这种数字化占卜板通过鼠标和键盘操作，但与手动占卜板一样，它也是提供弹射和回收设备（ALRE）状态、燃油、维修要求和军械等关键信息，并显示在大屏幕上。

近几年，美国海军研究办公室（ONR）资助的技术解决（TechSolutions）公司对于水平桌面在人体工程学上的优势产生了浓厚兴趣。自2016年以来，该公司一直在研发可部署舰

上图 "艾森豪威尔"号航母（CVN-69）机库甲板的占卜板所用到的代表舰载机各种状态的部分物件。

右图 在"舰队演习90"（FLEET EX'90）演习中，"艾森豪威尔"号航母（CVN-69）搭载的第34攻击中队（VA-34）的一架 KA-6D "入侵者"加油机的着舰钩即将钩挂拦阻索。

回到传统的占卜板，负责操作它的升降机操作员与舰岛上部一个叫作"旋转"（Spin）的区域有着密切联系。"旋转"区域的作业人员能够看到飞行甲板的全貌，然后通过通信设备耳麦告诉飞行甲板控制室的升降机操作员每架舰载机的移动位置。在"艾森豪威尔"号航母上，一名舰载机调度官给我们讲解了如何操作占卜板：

飞行甲板上的每个人都能通过占卜板了解情况。他们来到飞行甲板控制室看着占卜板，就能知道他们下一步要弹射哪架舰载机，要移动哪架舰载机，这就跟下棋一样。因为我们的飞行甲板空间有限，所以我们必须对舰载机的移动、弹射作业进行精心规划。

我们有4部升降机，分别是1号、2号、3号和4号。通常在飞行作业期间，尽量不提升任何东西。在早上，我会尽量确保需要的东西都在飞行甲板上。当需要进行更多的飞行作业时，那么我就需要把更多的舰载机从机库中移到飞行甲板上，并制定新的飞行作业计划。

船集成多点触控系统（DSIMS）。这套计算机化的系统提供了与占卜板相同的视图，但它具有触摸屏拖放功能，以及全部内置的自动化通信设备，可以让飞行甲板控制人员直接传输舰载机移动的决策信息。在撰写本书时，公开资料表明：DSIMS 已经安装在航母上（很可能是"福特"号上），但笔者无法确认安装的具体细节。不管使用的是 ADMACS 还是 DSIMS，笔者与"艾森豪威尔"号航母上的飞行甲板控制人员交谈，很明显的情况不是"非此即彼"，而是手动占卜板和数字化系统同时被应用，互为补充。

机库甲板

机 库并不仅仅用来停放舰载机，还有其他用途，比如举行各种仪式、发布简

左图 "艾森豪威尔"号航母（CVN-69）的机库甲板。

报通报和开展体育锻炼。不过，在机库内进行的最重要的一项工作还是舰载机的维修，主要由第二章所述的舰载机中期维修部门（AIMD）负责。中期维修部门分为4个分部，"华盛顿"号航母的网上文件对这4个分部是这样描述的：

IM-1：参谋分部，由1名作业参谋负责管理57个维护工作中心，每天处理数百个可维修项目。

IM-2：一般维修分部，负责维修舰载机发动机、螺旋桨总成、液压元件、金属和复合材料制作的舰载机结构件、航空生命维持系统和个人救生设备。

IM-3：航空电子/武器分部，负责维修指定的试验台/设备和舰载机电气与电子元件，以支持舰载机通信和导航设备、计算机、雷达和电子对抗系统；此外，还负责维修武器系统的相关组成部分，如炸弹挂架、导弹发射轨和机炮。

IM-4：支援设备分部，负责检查、维修舰载机上和舰载机周围的地面支援设备，以协助飞行甲板及机库甲板的作业。每当航母进行海上部署时，中期维修部门都会从舰队待命中心负责派遣技术人员的海上任务支队要人，将部门人手增加1倍。

[https://www.public.navy.mil/airfor/cvn73/Pages/AIRCRAFT-INTERMEDIATEMAINTENANCE-DEPARTMENT-（AIMD）.aspx]

舰载机所需的维修等级决定了它在机库内部的位置。有些维修等级高的舰载机需要在飞行甲板下面待很长时间，因此它们往往被放置在"深埋点"，也就是机库最里面。越

下图 "海斯特"（Hyster）60是21世纪初以来在美国核动力航母上使用的小型叉车之一。

73

第三章 飞行甲板、机库甲板和主要空勤人员

是靠外侧，舰载机的维修等级就越低，这样就能保证它们更快地从机库转运到飞行甲板。在机库负责对舰载机定位的人员对保证航母的作战能力起着至关重要的作用。如果舰载机的定位效率低下，将会导致舰载机从机库转运到飞行甲板出现严重延误，进而影响舰载机的出动架次。

与飞行甲板相比，机库甲板上的危险性显然要小得多，但机库里存有大量航空燃油（大量的舰载机副油箱通常就存储在机库隔间顶部），很多时候还要存放弹药，加上作业空间的限制和任务压力，所以机库内的危险还是存在的，而且不容忽视。在"尼米兹"级航母上，每个机库隔间都有一个应急站、一个控制和通信中心，以应对突发紧急情况。如果机库里有舰载机，应急站会一直有人值守。

一旦发生火灾，应急站的值班人员会迅速将紧急情况传达给所有相关的应急响应人员，同时打开或关闭 76 英尺宽的分区防火门，将发生火灾的机库隔间与其他机库隔间隔开。此外，他们还将启动安装在整个机库、采用水成膜泡沫（AFFF）灭火剂的喷水灭火系统进行灭火。需要强调的一点是，必须确保灭火

上图 机库甲板的占卜板在功能上与飞行甲板控制室的占卜板相同，实现舰载机在机库甲板上来回移动的可视化。

下图 机库甲板天花板上的皮带用于悬挂空的副油箱。

下图 2019 年，弗吉尼亚州诺福克海军基地，"杜鲁门"号航母的布兰妮·维斯下士正在拆卸减压阀，准备进行检查。

系统不会在不必要的情况下被激活。这是因为机库隔间内停放的舰载机座舱盖经常是打开的，而 AFFF 和作为灭火系统主要组成部分的海水对敏感的数字化座舱仪表具有高度的破坏性。

当航母在港口停留很长一段时间后再度驶入海洋时，机库作业人员会测试喷水灭火系统的每个喷淋头，以确保其功能正常。在"艾森豪威尔"号航母上，1 号和 3 号机库隔间有 2 个 AFFF 站，2 号机库隔间有 5 个。除此之外，在机库周围还有大量的二氧化碳和 PKP（一种以碳酸氢钾为基础的干化学灭火剂）系统。

在笔者参观"艾森豪威尔"号航母时，2 名"黄球衣"介绍了甲板上的日常生活：

我们每天 6 点 45 分和 18 点 45 分交班之前都要开会，并将所有信息传递给下一个班次（航母白天和黑夜都有 2 个班次或以上）。信息通过指挥链进行传递，首先是首席军士长（LCPO，军衔通常为三级军士长），其次是首席军士（LPO，军衔通常为上士），再次是甲板军士（PO，军衔通常为中士），最后是机库隔间军士。由于机库隔间军士负责每个机库隔间，因此他们会知道那里发生的一切——哪些舰载机在维修，人们在哪里，需要做什么。

通常情况下，甲板军士与飞行控制人员协调，以确定每架舰载机的去向，然后共同制定一个具体执行计划。例如，首先我们将 1 号升降机从飞行甲板下放到机库甲板层，再将我们需要的舰载机推到 1 号升降机上进行提升，然后继续使用另一部升降机……

机库甲板也有 1 个占卜板，其样式与飞行甲板控制室的占卜板相同，并有类似的螺母、螺栓、大头针等各种小物件来表示舰载机的状态。机库甲板的占卜板主要用来表示舰载机在机库甲板、机库隔间以及飞行甲板之间的移动情况。此外，机库甲板还有基于 ADMACS 的数字化占卜板。

航母舰载机维修计划

在核动力航母（CVN）飞行甲板/机库甲板 NATOPS（海军航空兵训练和作战程序标准化）手册（NAVAIR 00-80T-120）中，对由 AIMD 负责的舰载机维修指挥控制程序的详细大纲进行了概述。

10.3.2 飞机维修 通常在飞行甲板上舰载机的布置开始变动之前，就已经对每一架舰载机制定好了一份包括移动路线、地点的作业时间表。在规划舰载机起降、在飞行甲板上现场作业（Spot）时，舰载机调度官（ACHO）应大致知道维修 1 架特定舰载机上各种常见问题所需的时间和现场类型。所有这一切，都需要在 ACHO、舰载机联队维修代表和飞行中队维修人员之间及时、持续地交换信息。对 ACHO 来说，掌握舰载机维修知识以及与可以向他提供舰载机维修要求信息的人员保持接触至关重要。

1. ACHO 应熟悉航母上所有舰载机的状态，并通过与舰载机维修代表和飞行中队维修代表快速交换信息来掌握最新情况。使用维修现场请求表……ACHO 可以将所需的维修与作业集成在一起。
2. 为了在所有情况下 ACHO 均能最有效地发挥作用，可采用下列方法：
   A. 飞行甲板控制室（FDC）是舰载机联队所有计划内外维修的神经中枢。飞行中队应通过舰载机联队代表，随时向飞行甲板控制室通报并了解所有与维修相关的问题。在此，每个中队的维修代表应在状态板上维护每架舰载机准确的实时状态，以及配置和控制上的差异。
   B. 当舰载机的状态发生变化时，有关中队的维修代表应立即通过舰载机联队的维修代表向 ACHO 报告这一情况，并向 ACHO 提供可能需要进行计划调整的信息。如未能将舰载机状态变化、维修要求等告知 FDC，将会对中队进行维修、弹射预警机或执行其他与飞行甲板相关的作业产生不利影响。
3. 所有的维修要求、特定舰载机的架次分配和舰载机状态的变更，都应由指定的中队维修军士通过舰载机联队代表转达，供 ACHO 考虑。
4. 所有维修要求应在白天或夜间飞行作业的最后两次回收之前提交给舰载机联队代表。

左图 在美国海军"林肯"号航母（CVN-72）的机库，一位航空电气中士正在为第 79 直升机海上打击中队（HSM-79，绰号"鹰狮"）的一架 MH-60R"海鹰"直升机上的探照灯做清洁。

下图 机库有时会用来举行庆典。图为水手们在"艾森豪威尔"号航母（CVN-69）的机库参加士官晋升仪式。

舰载机调度设备

1艘美国超级航母通常搭载1个舰载机联队的70多架舰载机，为了有效移动这些舰载机，航母上装备有大量不同类型的牵引车和定位车，这些地面支援设备（GSE）主要由航空调度军士（ABH）负责管理和使用。

牵引车

在舰载机的发动机启动之前，牵引车是飞行甲板上用来移动舰载机的主要工具。每辆牵引车通过牵引杆与舰载机相连，牵引杆的重量不仅取决于所使用的牵引车的类型，还取决于飞行甲板的具体条件。例如，在表面完全干燥的飞行甲板上，1辆牵引车用1个8000磅的牵引杆就可以牵引1架重达80000磅的舰载机；但是在潮湿且被燃油沾染的飞行甲板上，牵引车车轮的摩擦力就会显著降低，而牵引杆的牵引力也随之明显减小。有经验的牵引车驾驶员能够准确判断飞行甲板条件对牵引的影响，并采取有效措施，确保舰载机在飞行甲板上的顺利牵引。

在美国超级航母上使用的主要牵引车类型如下：

A/S32A-32 牵引车（SD-2 点样小车）——该车属于低置牵引车，高度只有30英寸，意味着它可以在拥挤的甲板上自如地在机翼下移动，而其三轮配置可实现非常高的机动性。该车甚至可以自己绕轴旋转，并且可以固定在舰载机的前轮上，然后在起落架中心保持静止的同时使舰载机旋转360°。该车在牵引时的最大速度为2英里/时，空载时最大速度为5英里/时；车辆的牵引杆牵引力为14000磅力。车辆的发动机使用JP-5燃油。

A/S32A-31A 舰载机牵引车——这是一种六轮车辆，后轮驱动、前轮转向，并有三速自动变速器。车轮布局意味着 A/S32A-31A 不具有 A/S32A-32 那样出色的可操纵性——A/S32A-31A 的转弯半径为132英寸；而 A/S32A-32 的转弯半径是0。A/S32A-31A 牵引车所具备的一个关键能力是其后部装有MSU-200NAV空气启动装置（MSU），可为舰载机启动主发动机（MES），并向机载环境控制系统（ECS）提供压缩空气。该型牵引车内部有1个85美制加仑的油箱，牵引杆的牵引力为8500磅力。

下图 "艾森豪威尔"号航母（CVN-69）一名航空（设备）人员使用堆垛车将补给品向机库转运。

右图 MSU-200NAV 空气启动单元的后视图，请注意用来固定车轮的是舰载机轮挡。

右图 美国海军A/S32A-32舰载机牵引车图示。

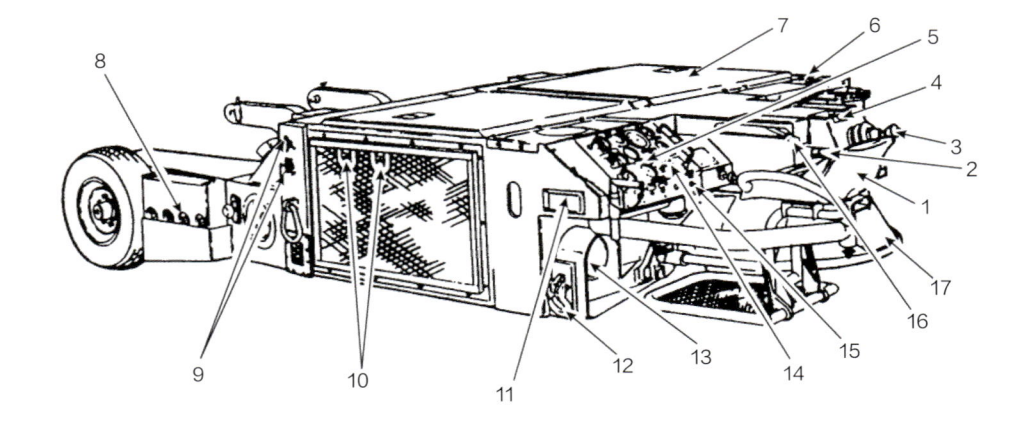

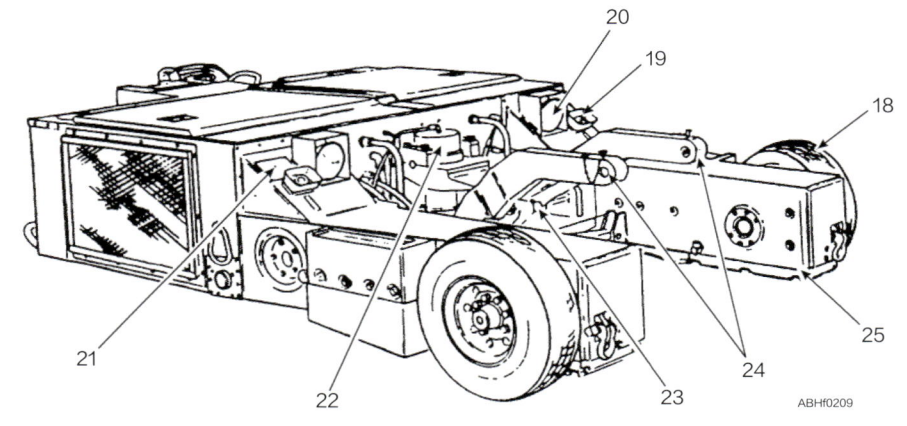

1. 座位
2. 紧急制动开关
3. 控制手柄
4. 提升臂控制箱
5. 仪器和发动机控制检修面板
6. 加油口
7. 发动机舱检修面板
8. 轴销固定器
9. 紧急机械臂控制阀
10. 紧急机械臂伸展控制按钮
11. 从站插座
12. 系紧和提升环
13. 大灯
14. 车灯开关
15. 喇叭按钮
16. 驻车制动器
17. 脚轮
18. 主轮胎
19. 紧急制动开关
20. 聚光灯
21. 提升臂控制面板
22. 提升液压缸
23. 展开液压缸
24. 提升臂
25. 底盘

右图 美国海军"尼米兹"号航母（CVN-68）的机库里，水兵们用叉车将副油箱存储起来。

A/S32A-45 中程牵引车（MRTT）——该型牵引车高度为 46 英寸，有一个封闭的双座驾驶室（驾驶员坐在车辆左侧）。该车采用 1 台四缸柴油发动机、后轮驱动和 1 个三速自动变速器。在所有牵引车中，该型车的速度最快，前进速度为 15 英里/时，速度倒车（空载）为 7 英里/时。牵引杆的牵引力为 10000 磅力。

A/S37A-3 舰载移动电源车（MEPP）——这是一种采用柴油动力的四轮牵引车，驾驶员位于车头左侧，右侧是动力传递的所有控制装置。该车配有 115 伏、三相、400 赫兹交流电（VAC）或 28 伏直流电源，可为舰载机提供电力。

专业设备

除了牵引/定位车辆，航母上还有一些值得关注的舰载机操纵设备（在培训手册中有专门介绍）：

NWC-4 万用轮挡——几乎用于所有舰载机。NWC-4 万用轮挡由聚氨酯材料制成，有两个模压胎面块（一个固定在杆端，另一个可移动）与舰载机起落架轮胎接触，能固定的起落架轮胎直径可达约 45 英寸。美国海军手册明确描述了该轮挡的优势：

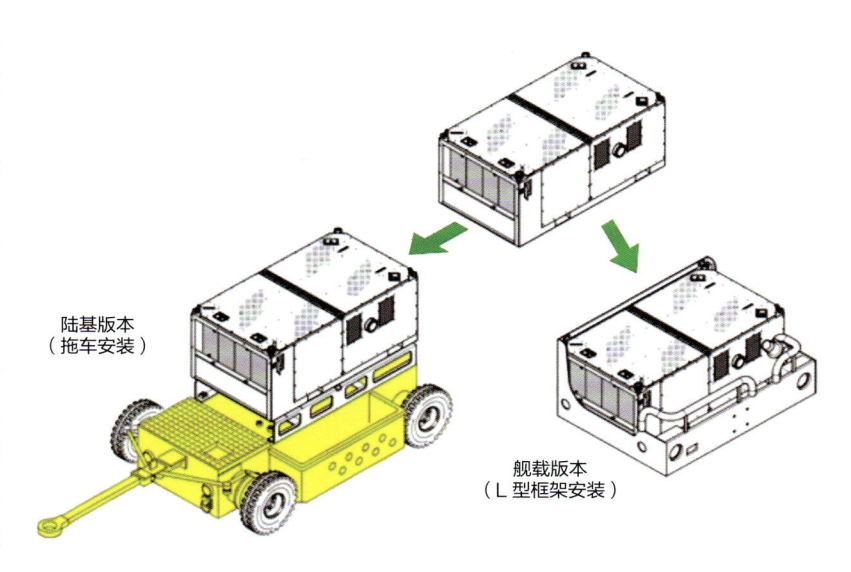

陆基版本（拖车安装）

舰载版本（L 型框架安装）

上图 MSU-200NAV 空气启动装置，配有内置的检测设备（BITE）和全权限数字发动机控制（FADEC）系统。

模压胎面块增加了牵引力，并且通过挤压式的动作将甲板上的液体排出。聚氨酯端块具有足够的刚性来防止压碎，但仍会发生足够的形变，使舰载机轮胎载荷能够很容易地通过端块转移到飞行甲板上。该聚氨酯端块不仅提供了出色的牵引力，而且不需要喷漆，不会腐蚀，在火灾中能自熄，并且具有良好的抗老化能力。

（US Navy，2001，2-25）

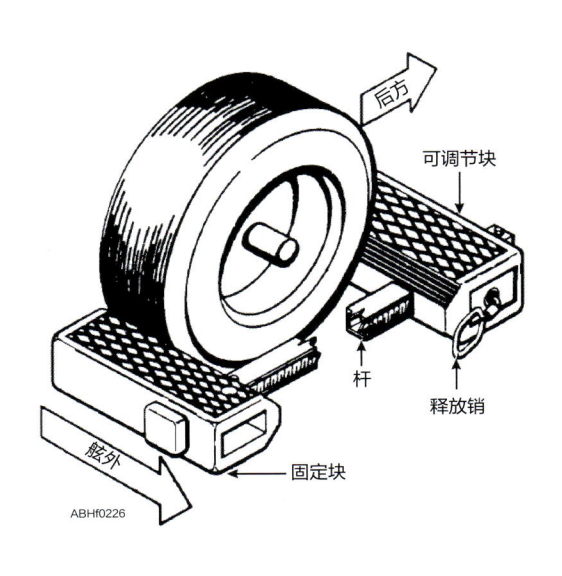

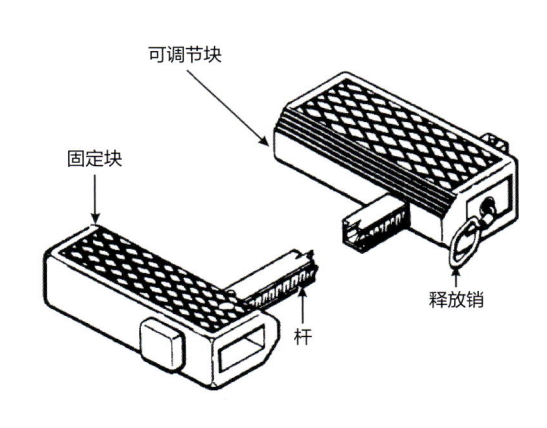

左图 NWC-4 舰载机轮挡。聚氨酯端块在很大程度上不受海上不利条件的影响。

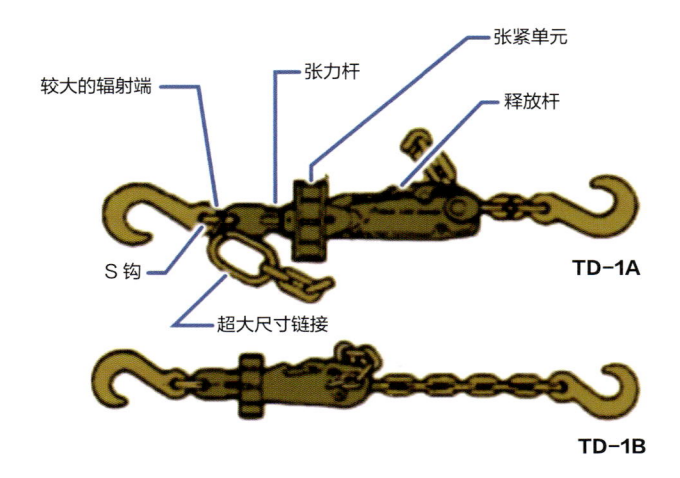

较大的辐射端　张力杆　张紧单元　释放杆

S 钩　超大尺寸链接

TD-1A

TD-1B

上图 TD-1A 和 TD-1B 舰载机系留链总成。在撰写本文时，它们已经使用了十多年。

TD-1B 型舰载机系留链总成——这是一种用于将舰载机固定在甲板上的快速释放系留链总成（由设置在凹陷处的 2 根交叉钢条组成，数百个系留点散布在飞行甲板和机库甲板上、齐平嵌入甲板表面）。TD-1B 的两端都有 S 形挂钩，其特点是有一个快速棘轮张紧系统，可以快速将系留装置张紧，其安全工作载荷为 1 万磅；同时还有一个释放杆，可以在需要时快速断开连接件。

高功率系留总成——也被称为航空全功率系留总成。这种链条连接系统主要是在舰载机发动机进行全功率（即加力燃烧室开到最大状态）试车时将舰载机固定在甲板上，以便进行维护和监控（在航母后部有专门的开放区域，舰载机可以在那里打开节流阀，安全地将发动机废气排放到舷外）。高功率系留总成重 102 磅，没有加长 / 缩短功能（这可能会削弱它的断裂强度，虽然 2 个系留环可以用 1 个虚拟环连接），每个系留环可以承受 30000 磅力的工作负荷。需要注意的是，在发动机启动时，系留装置必须连接在特殊的高强度甲板配件上。

ALBAR 通用舰载机牵引杆—— ALBAR 是"可调长度牵引杆"的英文缩写，可将舰载机机头和拖曳 / 定位车辆上各自的牵引接口连接起来。它有 4 种长度：8 型长 9 英尺、15 型长 15 英尺、20 型长 20 英尺、24 型长 25 英尺。每个型号都是为不同类型的舰载机设计的：

8 型 ALBAR 是专为两栖攻击舰（LHA、LHD）和船坞登陆舰（LPD）上 CH-46 直升机（现在已经从美国海军陆战队全部退役——译者注）的舰载移动和定位设计的；15 型 ALBAR 是标准的牵引杆，可满足大多数陆基飞机和舰载机（9000 磅）移动需要，可以很容易地扩展为 20 型和 24 型 ALBAR。20 型 ALBAR 的设计

左图 2007 年，"杜鲁门"号航母（CVN-75）上的一名航空机械一等兵（E-3 级别）扛着几根系留链穿过飞行甲板。

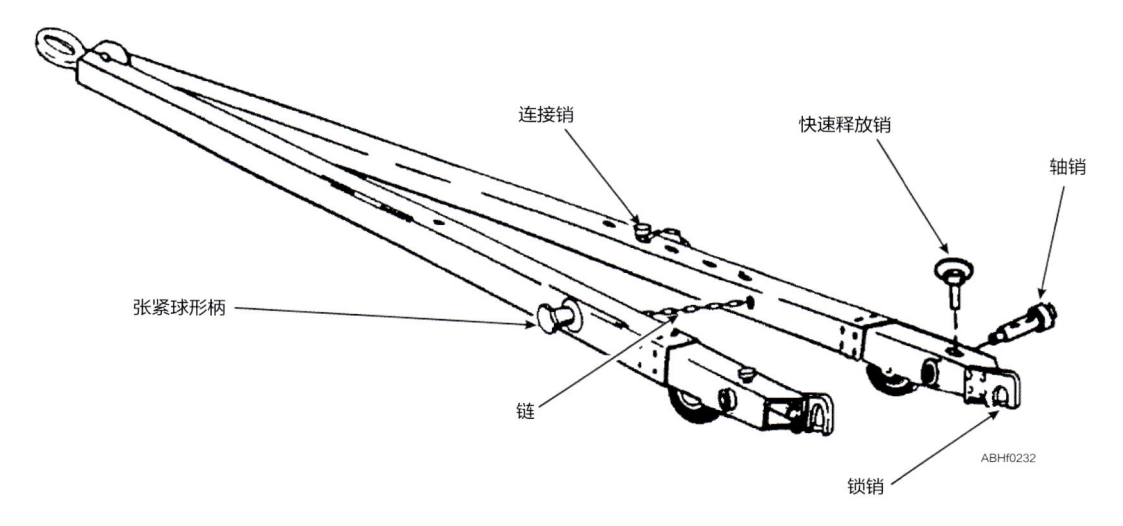

左图 ALBAR 通用舰载机牵引杆。之所以被称为"通用",是因为一种型号的牵引杆就可以用于所有舰载机。

标注:连接销、快速释放销、轴销、张紧球形柄、链、锁销

目的是用于牵引装有空中加油探管的 CH-53E 重型直升机、AV-8B"鹞"式垂直/短距起降战机和陆基 F/A-18 战斗攻击机。由于舰载 A/S32A-31A 牵引车高度较低。因此,航母上的 F/A-18 也能通过 15 型 ALBAR 牵引核动;24 型 ALBAR 是专门为 SH-60B 直升机设计的,需要加长才能够到直升机的尾轮。

ALBAR 系列牵引杆结构均相同,大多数零部件可以互换。20 型和 24 型 ALBAR 可以拆开,然后装入 15 英尺标准牵引杆集装箱进行运输。20 型和 24 型 ALBAR 上的拖杆如果变形也可以很容易地更换扩展件来维修,或者直接将损坏的部件移除,变成 15 型 ALBAR 来使用。

(US Navy, 2001, 2-28~2-29)

升降机

飞行甲板和机库甲板之间的主要机械通道是大型升降机("尼米兹"级航母上有 4 部,"福特"级航母上有 3 部)。升降机的位置见第二章。

航母上的升降机由钢材或铝材焊接制成,在"尼米兹"级航母上,每部升降机宽 52 英尺,舷内长 70 英尺,舷外长 85 英尺,总面积为 3880 平方英尺。每部升降机提升能力为 47 美吨,这意味着它可以同时提升 2 架 F/A-18 战斗攻击机或 F-14 战斗机。

升降机的操作由 V-1(飞行甲板)、V-3(机库甲板)和 A 分部(机械舱)共享。每部升降机由飞行甲板上的一名主管和操作员负责运行,机库甲板上也是如此。泵房则是由一名操作员负责运行。

在机械结构方面,升降机由液压控制升降,并配有手动操作的齿轮系统。升降机沿固定于舰体结构上的导轨移动,导轨在升降机平台的后部和前部各有 1 个,在升降机平台的前后两侧各有 2 组双导辊和 1 组面辊。不使用时,升降机平台上升到飞行甲板的高度,通过水平锁定杆进行锁定。在运行过程中,升降机可能会频繁地快速上下移动。

2001 年海军手册《航空调度军士》(Aviation Boatswain's Mate H)讲解了升降机运行周期和系统内置的一些控制与安全功能。

在所有的泵和升降机载荷达到最大时,工作周期约为 60 秒。这包括顶部和底部的装卸工作,各为 15 秒。当升降机正常运行时,如果发生断电,压力罐的剩余容量足以使装载物品的升降机平台返回飞行甲板。即使存在正常的泄露,也可保证在断电后 30 分钟内,升降机能正常升起。

每部甲板舷侧升降机都有两个控制站,其中一个控制站位于机库甲板上,另一个位于飞行甲板上的廊道中。在机库甲板上的控制站里,

操作员对飞行甲板上的舷侧升降机一目了然，控制站里包含一个主开关、喇叭按钮、喇叭切断开关、可用电源指示灯（白色）、控制通电指示灯（绿色），在某些航母上还有需要手动操作的手轮和变速箱总成。

（US Navy, 2001, 2-21）

每部甲板舷侧升降机的机门可将机库甲板与升降机隔开，防止上层甲板的空气、烟雾、火灾或其他不利情况往下面的甲板蔓延。它们也是不透光的，所以即使航母处于灯火管制状态，机库甲板也应保持照明。门打开或关闭需要60秒。

超级航母的机库甲板和飞行甲板作业时就像是菜市场，充斥着各种噪声、热浪、灯光和人声。在作业期间，所有的空间运用都必须进行计划并协调舰载机的弹射和回收，而如何做到这一点是我们下一章的主题。

下图 "罗斯福" 号航母（CVN-71）上的水手们利用一部巨大的舰载机升降机，在机库进行了一次大规模的伤亡处置演习。

左图 美国海军军械人员使用叉车在机库甲板上搬运 BLU-110/111/117A/B 炸弹（通过弹体头部的 3 条黄色带进行识别）。炸弹处于出厂状态，所以它们很可能是通过补给站或码头送到舰上的。

左图 在波斯湾"南部观察行动"期间，美国海军第 147 战斗攻击机中队（VFA-147）的一架 F/A-18C"大黄蜂"战斗攻击机在"尼米兹"号（CVN-68）上着舰时，着舰钩钩住了拦阻索。

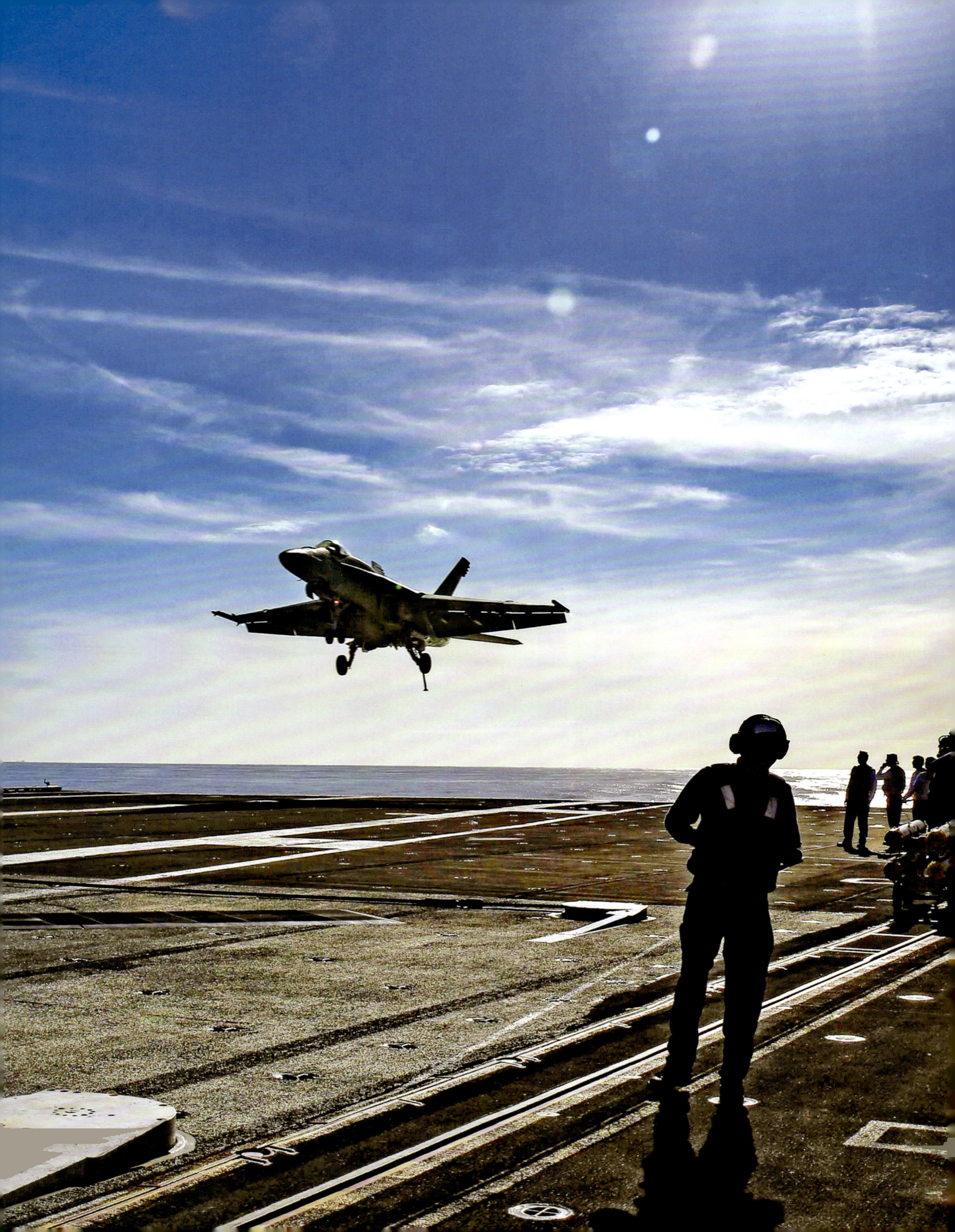

第四章

飞行作业

航母飞行作业十分复杂而且充满危险，但令人惊讶的是，数十年来的航母飞行作业一直都进行得十分流畅和完美。美国海军飞行员、美国国家航空航天局（NASA）宇航员查尔斯·皮特·康拉德上校（他是第三位在月球上行走的人）曾说："回顾我在海军和太空项目中所做的一切，我认为绝对没有什么（武器）能与夜航的航母匹敌。我仍然认为这是男人和男孩的区别。这比我做过的其他任何事情都难，包括登上月球。"

左图 美国海军第103战斗攻击机中队（VFA-103）的一架F/A-18F"超级大黄蜂"战斗攻击机准备在"林肯"号航母（CVN-72）的飞行甲板上着舰。

上图 2002年3月"持久自由行动"期间，一架F-14"雄猫"舰载战斗机在"罗斯福"号航母（CVN-71）飞行甲板上着舰。

在本章中，我们将详细讲解航母如何进行航空作业，整个过程从最初的制定航空计划开始，再到舰载机出击、返航，最后到降落在航母上并关闭发动机的那一刻，就像是用金属、燃油、武器和计算机演奏的管弦乐队的和声，这无疑是人类在技术和工程学上的伟大见证。

舰载机联队

自20世纪70年代"尼米兹"级航母问世以来，舰载机联队（CVW）结构和舰载机类型变化相当频繁，这主要是因为美国海军的战略和战术观点变化和舰载机的不断发展。到撰写本书时，一般来说，"尼米兹"级航母搭载的舰载机联队大致如下：

- 4个战斗攻击机（VFA）中队——每个中队由12架F/A-18E/F"超级大黄蜂"或10架F/A-18C"大黄蜂"组成（本章稍后会介绍更多关于舰载机类型的信息）。值得注意的是，一些舰载机联队编有单独的美国海军陆战队战斗攻击机（VMFA）中队。展望未来，美国海军和海军陆战队都将用F-35C"闪电"Ⅱ取代F/A-18。（作者的说法并不准确，美国海军F/A-18C在2019年已全部退役；所有的舰载机联队都编有1个海军陆战队战斗攻击机中队；美国海军并未计划用F-35C来取代现役的F/A-18E/F，而是2种战机共存——译者注）。
- 1个电子攻击（VAQ）中队——5架EA-18G"咆哮者"电子战机。
- 1个航母舰载预警（VAW）中队——4架E-2C"鹰眼"或5架E-2D"先进鹰眼"舰载预警机。
- 1个直升机海上战斗（HSC）中队——8架MH-60S"海鹰"直升机。
- 1个直升机海上打击（HSM）中队——11架MH-60R"海鹰"（其中3~5架经常以航母打击群的其他舰艇为搭载平台）。
- 1个舰队后勤支援（VRC）中队分遣队——2架C-2A"灰狗"舰载运输机。

舰载机联队偏重于战斗/打击能力，与航母主要承担的战术任务——近距空中支援、压制和阻断相一致，但是舰载机联队中也有相当数量的舰载机执行电子战、海上巡逻和后勤任务。为了充分了解超级航母的作战能力，我们有必要先简要介绍一下上述不同类型的舰载机。

左图 美国海军第143战斗攻击机中队（VFA-143）的一架F/A-18E"超级大黄蜂"战斗攻击机从"林肯"号航母（CVN-72）上开加力弹射起飞。

波音 F/A-18"大黄蜂"/"超级大黄蜂"

波音 F/A-18"大黄蜂"家族代表了海军航空兵领域的最新技术水平（注意 F/A-18 最初是由麦克唐纳·道格拉斯公司和诺斯罗普公司设计和生产的，其中麦克唐纳·道格拉斯公司是主承包商，但是波音公司在 1997 年收购了麦克唐纳·道格拉斯公司，于是该型机的后续生产和改进发展就到了波音公司手上）。该型机是一种双发动机、超声速、全天候、舰载、多用途战机。第一种型号——单座的 F/A-18A 在 1983 年进入美国海军和海军陆战队服役，以其出色的机动性、1.8 马赫（1 马赫 =1225 米/时）的最大速度和大载弹量迅速证明了自己的作战能力。F/A-18C 是 F/A-18A 的改进型，在 1987 年整体升级后问世，装有改进的雷达、航空电子设备和武器系统 [包括 AIM-120 型先进中程空空导弹（AMRAAM）、AGM-65

下图 F/A-18F"超级大黄蜂"是双座战斗攻击机，后座乘员主要负责操作机载武器系统。

型"小牛"空地导弹和 AGM-84 型"鱼叉"（也译为"捕鲸叉"）反舰导弹]。

F/A-18 在技术上的重大飞跃是深度改进型"超级大黄蜂"F/A-18E/F，该机型于 1995 年 11 月首次飞行。发展"超级大黄蜂"的动机是美国海军要求提高舰载战斗机的作战半径和有效载荷，因为之前的"大黄蜂"在这些领域明显落后于早期的 F-14"雄猫"战斗机。目前，"尼米兹"级航母搭载的"超级大黄蜂"有 2 个版本——单座 F/A-18E 和双座 F/A-18F。尽管 F/A-18E/F 仍旧被美国海军划入 F/A-18 系列，但是外界普遍认为，F/A-18E/F 是一款全新的舰载战斗机，而不是原来 F/A-18 的简单发展型。

F/A-18E/F 的空重足足比 F/A-18C/D 多了 7000 磅，增长幅度达 20%。载荷方面，F/A-18E/F 可以外挂 17750 磅载荷（包括弹药、副油箱、战术吊舱等），而 F/A-18C/D 只能外挂只有 13700 磅载荷。内部载油量方面，F/A-18E/F 比 F/A-18C/D 多了 33%，这也使其作战半径和航程在 F/A-18C/D 的基础上分别增加了 41% 和 50%。此外，F/A-18E/F 机身尺寸扩大，这也为其采用先进的航空电子设备和武器系统提供了更多的空间。

EA-18G"咆哮者"

该机是以双座 F/A-18F"超级大黄蜂"舰载机为基础发展的专用电子战机，取代了诺斯罗普·格鲁曼公司生产的 EA-6B"徘徊者"电子战机（从 2009 年开始，目前已经完成全部取代计划）。在大多数技战术性能方面，"咆哮者"与"超级大黄蜂"没有区别，二者所不同的是"咆哮者"主要执行的是电子战任务，所以采用了不少先进的电子战装备，其中最重要的是电子干扰吊舱（AN/ALQ-99）。从 2021 年开始，

下图 在"沙漠风暴行动"期间，排列在"肯尼迪"号航母（CV-67）飞行甲板上的激光制导炸弹，准备用于对伊拉克进行空中打击。后面的 A-6E"入侵者"舰载攻击机已经挂上了激光制导炸弹。

"咆哮者"换装新一代干扰机（NGJ）。在技术上，NGJ不仅显著改善了AN/ALQ-99存在的一些可靠性问题，而且能够干扰机载有源相控阵（AESA）雷达系统，同时还具备网络攻击能力。

E-2C"鹰眼"/E-2D"先进鹰眼"

从2台涡桨发动机和机背的大型雷达罩可以看出，E-2"鹰眼"是一种全天候、具备舰载能力的舰载战术预警机（AEW），最早的型号E-2A在20世纪60年代开始服役。经过大幅改进的E-2C在1971年首飞，并在2年后投入使用。E-2C装有一套高度复杂的、集成敌我识别（IFF）技术的远程雷达系统，其收集的目标数据通过强大的机载数字计算机信号处理系统及人员进行分析（机上有5名人员）。对航母打击群（CSG）的作战来说，"鹰眼"主要承担战术预警和指挥控制任务，具体包括：

■ 对飞机、舰船和地面车辆进行远程探测和监视。
■ 在作战空域进行指挥和控制，包括在空战时指挥战斗机，在对地/对海攻击时指挥攻击机。
■ 为舰载机提供空中交通管制服务。
■ 控制搜救任务。
■ 进行无线电通信中继（空对空和舰对舰）。

E-2D"先进鹰眼"的机身与E-2C相同，但换装了2台罗尔斯·罗伊斯T56-A-427A涡桨发动机和2部NP-2000型八叶复合材料螺旋桨，并且采用了全新的预警雷达和航电设备，整体性能大幅提升。E-2D的雷达是洛克希德·马丁公司生产的特高频（UHF）波段APY-9雷达。这款雷达在使用Link-16和协同交战能力（CEC）数据链时，可以为波音F/A-18舰载战斗攻击机和"宙斯盾"系统发射的雷神公司"标准"-6远程舰空导弹提供外部火控能力。而机载战术目标网络技术（TTNT）数据链与海军综合火控-防空（NIFC-CA）系统交联，主要优势之一是当战机向目标发射导弹时，不需要开启自己的雷达，可完全由E-2D提供目标信息并引导导弹攻击。

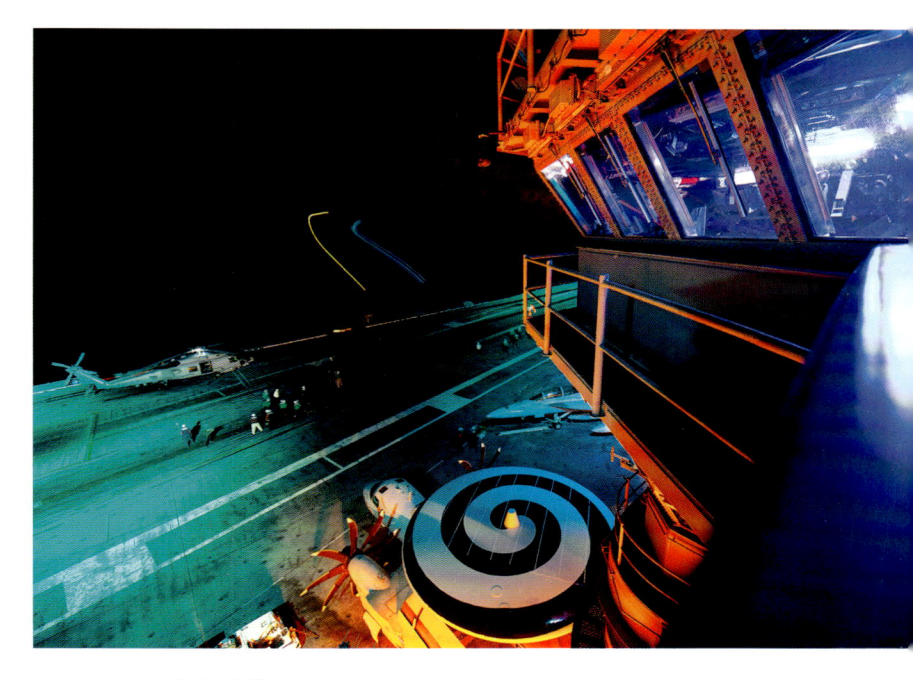

MH-60"海鹰"

该系列舰载直升机是在美国陆军UH-60"黑鹰"直升机基础上改装而来。"海鹰"舰载直升机有SH-60B、SH-60F、HH-60H、MH-60R和MH-60S等衍生型号，因发展年代和任务侧重点不同而存在较大的技术差异。美国海军"尼米兹"级航母现在搭载的主要是SH-60B和MH-60R，两者都装有先进的传感器套件、雷达和武器，用于执行反潜和反舰作战任务。例如，SH-60B装备了拖曳式磁异常探测器（MAD）、前视红外（FLIR）吊舱、APS-124对海搜索雷达、ALQ-142电子战（ESM）系统、反潜鱼雷（MK-46、MK-50或MK-54轻型鱼雷）和AGM-114"海尔法"空地导弹。MH-60R是SH-60B的深度改进型，具有更先进的机载数字化任务系统，包括集成敌我识别（IFF）装置的AN/APS-147多功能雷达和先进的机载舰队数据链，而且其座舱完全"玻璃化"，实现了数字化控制。（美国航母现在搭载MH-60R和MH-60S直升机，不再搭载SH-60B——译者注）

除了执行反潜和反舰任务外，舰载直升机还可以执行许多其他任务，包括搜索和救

上图 美国海军第7直升机海上作战中队（HSC-7）的一架MH-60S"海鹰"直升机正准备从"艾森豪威尔"号航母（CVN-69）上起飞，执行夜间飞行任务。

左图 美国海军第 30 舰队后勤支援中队（VRC-30）的一架 C-2A "灰狗"运输机准备从"里根"号航母（CVN-76）上弹射。注意，燃气导流板已经升起，这为后面的人员提供了保护。

援、投送海军特种部队进行渗透、医疗后送（MEDEVAC）和垂直补给（VERTREP）等。

C-2A "灰狗"和 V-22 "鱼鹰"

C-2A "灰狗"舰载运输机实际上是 E-2C "鹰眼"舰载预警机的衍生型号，采用常规气动布局、上单翼设计，动力为 2 台涡桨发动机；与 E-2C 不同的是，它去掉了机背的大型雷达罩和其他电子战组件，并且加宽了机身、增加了艉舱门（放下之后作为装卸坡道）。与 E-2C 一样，C-2A 的尾翼也是由 4 个垂直尾翼和 3 个方向舵组成。采用这种设计的主要目的是为了降低垂尾高度，以便 C-2A 能够进入航母的机库；如果采用单垂尾来进行方向控制，则垂尾高度将会超过机库高度，这将导致 C-2A 无法进入机库。

自 20 世纪 60 年代以来，C-2A 的主要任务是航母舰上运输（COD）。具体来说，就是在陆地与海上的航母之间运送人员、物资。C-2A 不仅具备航母作战所需的理想飞行特性，而且还能在半径 1300 海里（1 海里 =1.852 千米）的范围内运送 10000 磅货物、26 名乘客或 12 名担架病人。但是，美国海军在 2015 年 2 月宣布 C-2A 最终将被贝尔和波音联手设计生产的 V-22 "鱼鹰"替换。

V-22 "鱼鹰"采用了独特的倾转翼设计，既能像直升机一样垂直 / 短距起降，又具有标准涡桨动力飞机的远程巡航性能。V-22 的航程比 C-2A 要短一大截，只有 879 海里，但是其内部货舱的载货能力却是 C-2A 的 2 倍，达

左图 美国海军第 165 倾转翼中队（VMM-165）的一架 MV-22 "鱼鹰"倾转翼运输机正准备降落在"里根"号航母（CVN-76）的飞行甲板上。"里根"号是第二艘进行 MV-22 起降任务的航母。

到了 20000 磅。不仅如此，V-22 还具有直升机那样的吊挂运输能力，机腹下方可以吊挂 15000 磅的货物或装备。由此可见，V-22 的运输灵活性要比 C-2A 大得多。在撰写本书时，第一批 V-22"鱼鹰"倾转翼飞机已经开始在"尼米兹"级航母上部署，不过直到 21 世纪 20 年代中后期才可能全部取代 C-2A。

洛克希德·马丁 F-35C"闪电"II

在撰写本书时，F-35"闪电"II 战斗机仍存在一些争议。批评人士指出，F-35 作为美国历史上规模最大、成本最高的装备发展项目之一，至今仍受到技术和性能问题的困扰。F-35 被称为第五代多用途战斗机，专门为对地攻击和空中优势任务而设计。F-35 的气动外形和机身材料使其具有良好的隐身性，同时该机还有最先进的网络化航空电子设备和高机动性。目前 F-35 已经生产了 3 个版本：陆基常规起飞和降落（CTOL）的 F-35A，具有短距起飞和垂直降落（STOVL）能力的 F-35B，采用弹射起飞、拦阻降落（CATOBAR）的舰载型 F-35C。

航母作战要求舰载机的飞行特性与陆基飞

舰载无人机（UAV）

美国陆军航空兵越来越倾向于发展和部署战斗无人机，而美国海军却对在航母上部署无人机采取谨慎态度。在 2010—2011 财年，美国海军启动了"舰载空中监视与打击无人机"（UCLASS）计划，目的是研制一种主要用于对地/对海打击，并且能为有人驾驶战斗机提供空战支援的海军型隐身无人机。2014 年 8 月，研制合同被分别授予波音公司、通用原子公司、洛克希德·马丁公司和诺斯罗普·格鲁曼公司。

在这些公司研制的技术验证机中，诺斯罗普·格鲁曼公司研制的 2 架 X-47B——"咸狗"501 和"咸狗"502 最受美国海军青睐，并且还在航母上进行了多次起降测试。但在 2015 年，美国海军取消了"无人战斗空中系统演示"（UCAS-D）项目，决定在发展作战无人机之前，重点发展无人加油机。在撰写本文时，美国海军的注意力已经集中在作为舰载空中加油系统（CBARS）的波音 MQ-25A"黄貂鱼"身上。

"黄貂鱼"是一种无尾布局的无人机，动力装置是 1 台由英国罗尔斯·罗伊斯公司生产的 AE-3007N 涡扇发动机。按照要求，"黄貂鱼"无人机可携带 15000 磅燃油，为 4~6 架"超级大黄蜂"战斗攻击机提供空中加油，从而将"超级大黄蜂"的作战半径增至 700 海里。目前，美国海军主要是采取让一些"超级大黄蜂"挂装加油吊舱的方式来为空中的其他"超级大黄蜂"进行"伙伴"加油（指加油机和受油机为同种型号战机的空中加油方式——译者注）。美国海军发展 MQ-25A，除了将其作为舰载无人加油机，还有一个重要目的是在重新启动舰载作战无人机项目之前，看看无人机如何与航母上的舰载机联队进行系统集成。

下图 航母的未来？一架 X-47B 无人技术验证机在"布什"号航母（CVN-77）附近上空飞行。

上图 美国海军第101战斗攻击机中队（VFA-101）的一架F-35C"闪电"Ⅱ战斗机展示它的隐身轮廓。

机有所不同。因此，F-35C的机翼和控制面比F-35A更大，这在一定程度上是为了补偿可折叠的翼尖部分。此外，F-35C的起落架也进行了加强。经过漫长而艰难的发展计划后，F-35C于2014年11月3日在"尼米兹"号航母上进行了首次着舰。自2018年年初以来，F-35C又在"林肯"号航母上进行了起降测试。F-35C战斗机中队在美国航母上的部署计划从2020年开始，远期目标是取代部分"超级大黄蜂"战斗攻击机中队。

飞行作业计划

舰载机在航母上进行的飞行作业是从制定和分发航空计划开始的。航空计划通常是由战区空中作战中心（AOC）在联合部队空中部队指挥官（JFACC）的指导下生成的空中任务指令（ATO）。ATO指定24小时内所需的飞行架次，而飞行架次是根据任务、舰载机类型、目标、呼叫信号和各种其他所需信息来定。当ATO发送到航母上，将马上被送到作战部门，然后在该部门被分解为2个飞行作业：

右图 2019年，"里根"号航母（CVN-76）的飞行甲板人员发出信号，表示对该航母搭载的第125机载预警中队（VAW-125）的一架E-2D"鹰眼"预警机完成飞行前检查。

航空作业和攻击作业。

根据ATO的要求，执行攻击作业的人员将提出完成即将进行的攻击作业所需要的详细的航空作业需求计划。一般需要包括：

A. 事件编号
B. 弹射时间
C. 回收时间
D. 任务
E. 舰载机数量和型号（包括备件）
F. 总架次
G. 日出，日落，月出，月落，月相
H. 日期
I. 燃油
J. 预警机
K. 勤务飞机
L. 战术频率
M. 军械挂装
N. 每日航空计划草图
O. 按要求附注

附注应包括以下内容：
（1）电磁信号控制（EMCON）/无线电静默（Zip Lip）条件
（2）准备甲板时间表
（3）任何其他危害/飞行限制或其他相关信息

（US Navy，2014，2-2）

一旦攻击作业人员制定好航空计划，就会通过专门负责航空作业的军官交给作战军官审批和签字。如果获得批准，则航空计划将分发给航母上的飞行中队和其他部门去执行。在正常情况下，航空计划通常是在进行航空作业的前一晚分发，但是在快节奏的作战条件下，航空计划的制定和分发可能只需要几个小时就完成了。

事件、周期和气象标准

在讲述航空计划的具体实施之前，有必要先介绍一些航母作业的基本指导原则。舰载机联队是在周期作业的基础上组织指挥舰载机来执行任务。周期作业是指"弹射和回收舰载机的连续过程"。周期作业还有助于将航母上的作业分解为易于理解的"周期"包。

每个周期由特定数量正在进行弹射和回收的舰载机组成，持续时间因受ATO要求和燃油限制（或者相反，即提供空中加油）的明显影响，所以不是一个固定值。但是美国海军运用航母的经验十分丰富，能够将每个周期的持续时间基本固定在1小时30分钟。

美国海军通常将周期称为"事件"（Events，也就是俗称的波次）。2014年美国海军航空兵训练司令部的出版物《飞行训练指导：航母程序T-45C》[*Flight Training Instruction: CV Procedures*（UMFO）*T-45C*]对于航母周期/事件的性质有简明扼要的介绍：

每个周期或事件通常由12~20架舰载机组成。这些事件按顺序编号，并对应24小时飞行日的相应周期。事件1对应于第一个周期，事件2对应于第二个周期，以此类推。在飞行作业之前，必须先安排好飞行甲板上的舰载机位置（"定位"），以便事件1的舰载机一旦完成启动和检查后能够很容易地滑行到弹射器上。一旦事件1的舰载机弹射（通常需要15分钟），则事件2的舰载机将为下一个周期弹射做好准备。当舰载机弹射时，要为其在飞行甲板上留出降落空间。一旦事件2的舰载机被弹射，事件1的舰载机被回收，然后进行加油，重新武装，重新定位，准备用于事件3；而事件3的舰载机被弹射，随后事件2的舰载机被回收（整个飞行日以此类推）。在晚上最后一次弹射后，通常将所有舰载机停放在舰艏，以便在最后一架舰载机着舰之前保持着舰区畅通。然后它们在飞行甲板上被重新定位，并且进行固定，直到第二天早上的首次弹射。

（US Navy，2014，2-3）

因此，舰载机作业的挑战是要在时间表的限制和安全参数的范围内同步和控制舰载机的"空中芭蕾"，这些时间表和安全参数在非关键时刻以分钟为单位，在关键时刻以秒为单位。

右图 美国海军第25战斗攻击机中队（VFA-25）的两架F/A-18E"超级大黄蜂"几乎同时从"林肯"号航母（CVN-72）上弹射离舰。

下图 2001年10月，美国海军"罗斯福"号航母（CVN-71）进行情况3（Case III）弹射作业，来自VFA-86"响尾蛇"中队的一架F/A-18C"大黄蜂"点燃加力，准备弹射。

影响舰载机作业的另一个关键因素是气象。在某种程度上，风速并不会给航母带来什么大问题。实际上，强劲的逆风还是一个很大的优势，因为它增加了掠过机翼的空速，从而增加了自然升力，这样也能补充弹射器弹射产生的速度和舰载机自身的推力。

作为航母弹射程序的一部分，航母通常需要进行逆风航行，并采用高航速（可达30节），以进一步增强逆风效果。但是导航和作战要求通常会限制航母的逆风航行时间，如果航母必须回到原来的航向，则正在进行的作业可能不得不中断（出于这个原因，气象报告是航母战术选择的关键组成部分）。

此外，强风还会对航空作业带来很大影响。当海上出现强风时，海面上巨浪滔天，进而导致飞行甲板大幅摇晃。这种摇晃的程度可能严重到让航母上的一些主要助降设备失效，例如，改进型菲涅尔透镜光学助降系统（IFLOLS）在强风浪中就无法使用。过大的侧风则会对舰载机的回收作业带来危险。例如，如果回收时侧风风速大于7节，"即使采用校正飞行员技术，预期下降速度也要比正常作业的下降速度快3~6英尺/秒"（US Navy，2007a，8-2）。尽管美国超级航母具有优异的稳定系统，能够让舰载机在恶劣天气条件下继续作业，但是在这些条件下最大的挑战就是舰载机的回收，因为在这种情况下，甲板与进近线的夹角不断变化。

在事件1开始之前，航母上的气象人员开始提供定期的气象报告，尽可能多地预测能见度，每30分钟更新1次预报。气象人员的"军火库"中有一个关键工具是危险天气探测和显示功能（HWDDC）系统，该系统从2007年开始安装在"尼米兹"级航母上。HWDDC是

右图 布里安娜·刘易斯下士站在舰艉右舷的救生圈旁，看着一架C-2A"灰狗"运输机准备在"林肯"号航母（CVN-72）的飞行甲板上着舰。

一种气象雷达处理器和网络显示服务器。它接收来自SPS-48E雷达系统的实时气象雷达数据和图像，并将其转换为准确易懂的气象测量数据，显示为简单的网页。此外，航空气象专家既依赖卫星数据，也依赖传统的气象读数仪器（风速计、干湿球温度计、无液机械式气压计等）。

对航母作业来说最重要的是能见度。低能见度对战术的影响很大，从导航问题到干扰精确制导弹药（PGM）；对舰载机联队、飞行控制人员和飞行甲板人员来说，最紧迫的问题是能见度会影响舰载机的弹射和回收。

对美国海军航空兵而言，能见度依条件不同而被划分为3种情况：

A. 气象情况1，云底高度不得低于3000英尺，能见度不得低于5海里。弹射和回收作业在昼间进行，此时的气象条件为目视气象条件（VMC）。

B. 气象情况2，最低的云底高度为1000英尺以上，能见度为5海里，昼间作业，此时的气象条件为仪表气象条件（IMC）。一般来说，出现在阴天。

C. 气象情况3，云底高度低于1000英尺或能见度小于5海里。所有夜间作业时的气象条件均为情况3。一般夜间被定义为日落前30分钟到日出后30分钟。

（US Navy, 2014, 2-4）

右图 美国海军"里根"号（CVN-76）飞行甲板控制室（FDC）的人员正在占卜板上记录舰载机的移动。

除非确实是极端天气,否则很少会因气象条件而导致取消飞行作业,但它确实对作业计划、飞行甲板人员和参与空中交通管制的人员所使用的程序产生重要影响,我们将稍后展示给大家。

弹射器弹射

在飞行作业开始前 60~90 分钟,所有空勤人员和相关作业人员都会参加飞行前情况通报,这是一次简短的会议,主要内容是提供关键的任务信息,例如,当前和预测的气象信息,航母当前和预测的位置,在该地区重大行动,最新情报分析,搜救(SAR)或战斗搜救(CSAR)详细信息,备降机场信息和该地区的当前作业条件等(US Navy, 2014, 2-4)。然后,打击指挥官将简要介绍任务本身的细节,提供有关目标、时机和多架舰载机之间必要的协调等详细信息。

一旦所有人都明白了任务细节,飞行员就会向机务部门发出询问,以确保舰载机一切就绪。特别重要的是,他们对《舰载机特性手册》(ADB)的内容了然于胸。该手册记录了舰载机的重量,包括燃油和载荷的重量。所有这些重量都必须准确,这样才可以进行正确的弹射器弹射设置;已核准的重量信息将通过"重量表"(或"重量计")或计算机发送到飞行甲板控制室。完成此程序后,飞行员就可以开始行动了。通常不迟于弹射前 45 分钟,他们会穿戴好全套飞行装具前往飞行甲板,然后在那里进行飞行前检查(见下页专题框)。

一旦舰载机的发动机启动,之前用来固定舰载机的楔和链都要被拆卸。然后舰载机滑行到弹射器上。在那里,一名穿绿球衣的飞行甲板人员将操作重量板显示舰载机的起飞重量。飞行员将数字与重量表进行核对,并指示它们是否匹配(在白天竖起大拇指,或

下图 2006 年 12 月,阿拉伯海,美国海军第 103 战斗攻击机中队(VFA-103)的一架 F/A-18F "超级大黄蜂"系留在"艾森豪威尔"号航母(CVN-69)的飞行甲板上。

上图"尼米兹"号航母（CVN-68）上的航空（设备）一等兵瑞恩·马丁（左）向航空（设备）一等兵尼古拉斯·舒默斯特展示在飞行作业中如何使用重量板发出正确信号。

海军航空兵训练和作战程序标准化（NATOPS）推荐的飞行前舰载航空检查

舰载机一旦从机库转运到飞行甲板，机务人员就要按照NATOPS的要求进行正常的飞行前检查。甲板上的飞行前检查是从检查舰载机周围区域的跑道异物（FOD）、泄漏或积液（油、液压油、燃油等）和舰载机的总体状况开始，机务人员需要做的事情主要包括：检查舰载机上的所有进气/排气盖；确保系紧链没有摩擦任何刹车线或液压线；观察牵引杆是否连接，前轮是否居中；检查起落架支柱，轮胎的压力和完整性，弹射杆和限位杆；检查着舰钩，确保钩尖润滑。如果舰载机的机尾伸出舷外，就不要对机尾进行飞行前检查；等到舰载机滑行离开甲板边缘后，舰载机维护长再去检查着舰钩。在进行飞行前检查时，机务人员一定要警惕喷气机排气可能带来的威胁和其他危险。

飞行员登机之后，开始进行正常的座舱检查，将2个防滑开关都设置为"关"；检查座舱面板、仪表和仪表是否牢固，因为在弹射器弹射期间，如果仪表或仪器松动是很危险的。所有飞行员必须系好安全带，并在不迟于预定弹射前30分钟做好一切准备。"航空老板"将通过飞行甲板上的公告系统（5MC）发出"启动发动机"的呼叫，"黄球衣"将发出启动信号。此时（而不是之前），飞行员将按照任何一位航空维护长的信号进行正常的启动程序。

（US Navy, 2014, 2-5）

在晚上转动手电筒），如果不匹配则需要进行调整。

下图"里根"号航母（CVN-76）搭载的第195战斗攻击机中队（VFA-195）的一架F/A-18E"超级大黄蜂"弹射之后，"绿球衣"迅速冲过去取回限位杆。

弹射程序

按照滑行引导员的指示，飞行员将自己驾驶的舰载机正确定位，准备起飞。引导员通过一系列的手势提供引导。请注意，如果引导员的手势是在腰部以上发出的，则是针对飞行员的；腰部以下的手势则是针对飞行甲板上的作业人员的。信号如下：

A. **展开弹射杆**：引导员将右手肘放在左手掌与腰等高的位置，右手垂直举起，然后将右手放低至水平位置。

B. **松开前轮转向装置**：引导员将右手食指

指向自己鼻子，左手手掌张开，与肩同高，连续挥动。

C. 向前滑行：引导员将双臂前伸，与肩同高，双手向上举到与眼同高的位置，掌心向后，然后做挥臂动作，挥臂速度表示预期滑行速度。

D. 轻微左转/右转：引导员在打出向前滑行手势的同时会朝转弯方向点头。

E. 刹车（当有阻碍时）：引导员双臂向上举过头顶，双手的五指张开、掌心向前，然后握紧拳头。

F. 张紧：引导员双臂举过头顶，掌心向前，然后握拳再张开（提示松开刹车）。接着，引导员将一只手指向舰艏，再向下以45°扫向甲板，而另一只手向上以45°扫向天空。飞行员松开刹车，保持怠速，等待增加发动机推力的信号。

G. 回撤弹射杆：引导员将右肘放在左手掌心，右臂放平大约在腰部位置，然后抬到垂直位置。

H. 发动机加大推力：弹射官/弹射安全军士（CSPO）用食指和中指在头部水平做圆周运动。飞行员将油门推至军用额定推力（MRT），并执行控制检查"熄火"和发动机仪表检查。（MRT是正常发动机状态下的100%推力，也就是不开加力的最大推力；开加力之后的最大推力是战斗额定推力，英文缩写CRT）

I. 答谢敬礼：弹射官/CSPO敬礼。

J. 弹射信号：弹射官/CSPO蹲下，触摸甲板，然后将手放回弹射方向的水平位置。

K. 延迟点火：弹射官/CSPO将右手食指伸出头顶，水平指向左手掌，垂直伸出。

L. 暂停：弹射官/CSPO将双臂举过头顶，手腕交叉（指示弹射暂停）。

M. 收油门：弹射官/CSPO将手臂伸到腰部前面，拇指向上伸出，然后用另一只手抓住拇指并摇动，好像要把油门往后拉。

（US Navy，2014，2-7）

最终弹射引导员将向飞行员发出信号，示意其伸展弹射杆，同时松开前轮转向（NWS）。如果对中正确，则弹射杆将与滑梭接合，并且舰载机将因弹射器与弹射缓冲装置接合而停止移动。飞行员此时踩刹车，当他收到弹射官发出的"张紧"信号时，就松开刹车，舰载机会猛地蹲一下。而当弹射官给出"加大推力"信号之后，飞行员将发动机功率增加到95%，此

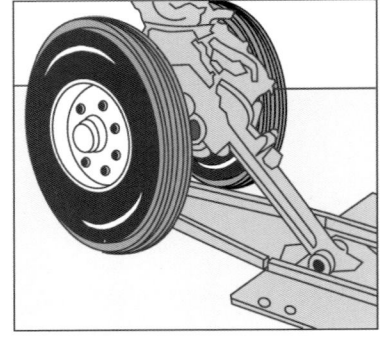

下图　舰载机弹射牵引杆，将机轮与滑梭连接在一起，限位杆限制舰载机在全功率状态下发生位移，直到舰载机达到临界推力，限位杆才会主动断开连接，之后舰载机弹射离舰。

A. 舰载机定位

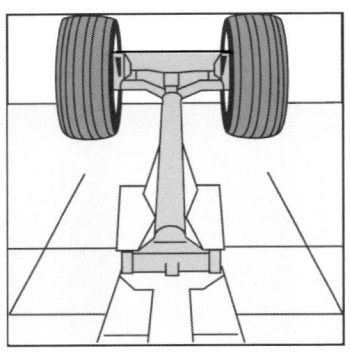

B. 舰载机限位

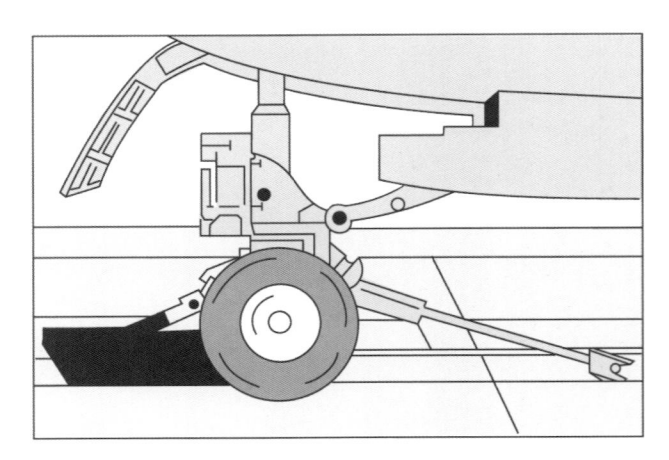

C. 舰载机连接

时将弹射杆开关切换到"回撤"。紧接着，飞行员将发动机功率提到最大，然后用右手向弹射官/CSPO敬礼，表示他已经做好弹射准备。弹射官将做最后的检查，确保飞行甲板上没有人员和障碍物，然后弯腰触摸甲板发出弹射信号，弹射器随即开始弹射。一般来说，舰载机到达甲板边缘时，速度应达到120节（表示空速）。

离场程序（起飞程序）

根据不同气象条件，舰载机离开航母时所采取的飞行路线也会有所改变。

情况1——舰载机离开弹射器并建立正向爬升率，飞行员做一个清空转弯，爬升到500英尺并设置一个平行的基准回收航道（Base

上图 "绿球衣"在"林肯"号航母（CVN-72）的飞行甲板上打磨和润滑弹射器轨道，以确保弹射器的平稳运行。

左图 腰部弹射器的上层士官在弹射前检查限位杆是否到位。

上图 2009年7月，美国"卡尔·文森"号航母（CVN-70）在弗吉尼亚州外海进行飞行作业，一架格鲁曼C-2A"灰狗"运输机正准备从3号弹射器上弹射。注意这架C-2A换装了8桨叶的海军螺旋桨2000（NP-2000）。

Recovery Course，BRC），这是航母当前正在航行的航道。舰载机的起飞高度为500英尺、速度300节，直到舰载机达到7 DME[DME是"距离测量设备"（通常称"测距机"）的英文缩写，该设备（机载和地面）用于测量舰载机与DME导航设备之间的斜距（单位为海里）]，此时舰载机在目视气象条件下沿航线爬升。

情况2——弹射过程与情况1大致相同，舰载机进行清空转弯，并以300节的速度在平行于基准回收航道上飞行至500英尺高度。在7 DME时，飞行员转向以截取10 DME弧线，继续转弯，直到舰载机飞行到离场径向。此时，如果飞行员能够在目视条件下继续爬升，则解除500英尺的高度限制。

情况3——该情况下的弹射是在最恶劣的气象条件下或黑暗中进行的。为了保证舰载机之间的安全距离，弹射间隔为30秒。弹射后，每架舰载机以300节的速度垂直爬升，以1500 AGL（离地高度，英文全称Above Ground Level。它与海拔高度不同，根据海拔高度计算）或以上飞越5海里。舰载机在7海里处转弯以截取10海里弧线，继续爬升并加入离场径向。

舰载机回收系统

正如本章开头所讲，将舰载机降落在航母上是世界军事领域最危险、要求最苛刻的行为之一。只有对飞行员进行非常密集的训练（包括反复监测飞行员的表现），提高飞行甲板人员的协同效率，再加上使用先进的着舰技术，才能避免出现重大事故。因此，在本章的

左图 "林肯"号航母（CVN-72）上的"射手"在做最后一个手势，表示这架F/A-18E"超级大黄蜂"现在可以弹射了。

剩余部分，我们将详细讨论舰载机安全返回飞行甲板的全过程。在此之前，我们将首先来熟悉一下那些让舰载机安全降落到航母上的关键技术装备。

塔康（TACAN）

TACAN 是"战术空中导航系统"的英文缩写，音译"塔康"，适用于所有具备航空作业能力的美国海军舰艇，也是一种常见的陆基系统，通常被称为"父亲"。塔康是一种极坐标无线电空中导航系统，能为装备塔康的舰载机提供以下信息：

- 距离信息。
- 方位信息，特别是关于舰载塔康设备位置的磁北极与舰载机位置的关系。
- 设备识别信号，由 2 个或 3 个字符的莫尔斯电码信号组成，用于识别正在使用的舰载塔康设备。

在舰载机内部，飞行员可以观察塔康显示器，它能给出舰载机距离母舰信标的距离（以海里为单位）和飞行方向（以方位角来表示）到母舰信标的地理位置。因此，飞行员可以利用信标的方位和距离来确定自己的地理位置。

改进型菲涅尔透镜光学助降系统（IFLOLS）

我们先来了解一下改进型菲涅尔透镜光学助降系统的历史背景。在早期的航母应用中，飞行员驾机降落主要依靠自己的视觉判断来进行，着舰指挥官（LSO）挥舞着彩旗、手板或其他指示物对飞行员的着舰姿态进行一定程度的修正。这种着舰方式在舰载机降落速度相对较低的螺旋桨时代还算合理，但是在随后的喷气机时代就表现不佳了。随着舰载机着舰速度越来越快，飞行员需要获得的目视着舰指示距离远远超出了手举旗子的人所能提供的距离。显然需要技术的帮助。

英国皇家海军在世界上率先发明了航母光学助降系统（OLS），即甲板降落反射镜（DLMS）。该系统是由英国皇家海军古特哈德（H. C. N. Goodhart）海军中校在 20 世纪 40 年代末 50 年代初发明的。

光学助降的最早想法是在航母的斜角甲板上放置一面大镜子，这样飞行员就可以看到自

上图 在"华盛顿"号航母（CVN-73）上的一次演习中，为了将舰载机从飞行甲板的着舰区域移开，撞击救援小组成员将航母上的起重机吊索连接到一架 F/A-18"大黄蜂"上。

右图 三级内部通信电工克里斯托弗·佩雷斯在"艾森豪威尔"号航母（CVN-69）的航空舰桥内控制改进型菲涅尔透镜光学助降系统（IFLOLS）。

101
第四章 飞行作业

己相对于理想下滑道的进近方式。但由于所需的镜子太大，所以这个想法是不切实际的。古德哈特则是通过在航母左舷安装由一个小型陀螺仪稳定的凹镜解决了这一问题，该镜面的两边都装上了绿色基准灯。镜子里射出一束橙色的光，飞行员可以在距离航母几百码远的地方看到。为了实现和保持正确的着舰下滑道，飞行员必须保持橙色灯光（美国海军采用后很快称之为"肉球"）与绿色基准灯光水平。如果"肉球"在基准灯的上方，就表明他太高了；如果"肉球"在基准灯的下方，就表明他太低了。

尽管甲板降落反射镜没有取消对着舰指挥官的要求，但它确实显著提高了航母甲板着舰的精度。美国海军在引进甲板降落反射镜技术之后，很快对它进行了改进，用菲涅尔透镜代替了单一光学镜，这就是菲涅尔透镜光学助降系统（FLOLS）。

菲涅尔透镜是由一系列环形台阶而不是单片玻璃形成的透镜，从而使光源被放大数倍。菲涅尔透镜最早出现于18世纪，它的名字来自法国物理学家和工程师奥古斯汀-让·菲涅尔——他将这个系统应用于灯塔，产生了显著效果。直到今天，菲涅尔透镜技术仍在广泛使用。

菲涅尔透镜的工作原理与甲板降落反射镜相同，但通过投射5个垂直光源提供了更高的精度，并提高和扩大了视觉采集的清晰度和范围。

MK-6 Mod3型菲涅尔透镜在20世纪70年代初开始服役，并一直保留在美国航母上，直到20世纪90年代末才被改进型菲涅尔透镜光学助降系统（IFLOLS）取代。后面我们将会详细介绍改进型菲涅尔透镜光学助降系统。

菲涅尔透镜和改进型菲涅尔透镜光学助降系统无论是原理还是功能都是相同的，主要区别在于后者总共有12个垂直光源，而前者只有7个，因此后者在下滑道信息提供方面具有更高的精度。不仅如此，改进型菲涅尔透镜光学助降系统的垂直覆盖范围增加到1.7°，而菲涅尔透镜只有1.5°；改进型菲涅尔透镜光学助降系统投射的光纤灯光使目视距离达到了1.5海里，而菲涅尔透镜只有0.75海里。

更进一步来讲，改进型菲涅尔透镜光学助降系统的透镜组件是一个包含12个垂直单元的中央灯箱，通过这些单元投射光纤灯光，最上面的10盏灯是琥珀色的，而最下面的2盏灯是红色的。飞行员所采用的下滑航线决定哪一个灯光可见。可见的灯光是"肉球"，或简称为"球"。绿色基准灯（Datum Lights）在中央灯箱的左右两侧各10盏，"球"的正确位置应该在基准灯水平线的正中间。与以前的光学助降系统类型一样，"球"相对于基准灯的位置会告诉飞行员在进近时太高还是太低。如果飞行员能看到光源灯带底部的红灯，则表示他处于危险的低位。

改进型菲涅尔透镜光学助降系统对飞行员最理想的引导状态是使他处于3.5°下滑道，以钩挂3号拦阻索。为了确保助降信息在各种海况下都稳定，改进型菲涅尔透镜光学助降系统具有3种稳定模式：

- 线稳定——补偿航母的纵摇和横摇。
- 惯性稳定——不仅补偿纵摇和横摇，还补偿飞行甲板的起伏（上下运动）。
- 点稳定——将下滑道固定在透镜后约2500英尺处。

下图 改进型菲涅尔透镜光学助降系统（IFLOLS）照明装置。

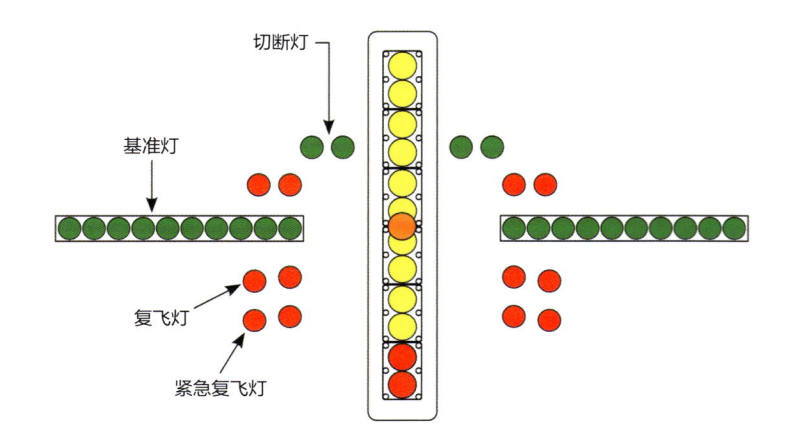

左图 从航空舰桥的后部观察，可以看到"航空老板"位置（左）和"迷你老板"位置（右）。

改进型菲涅尔透镜光学助降系统的灯箱上还有一些其他的灯来为飞行员提供重要的信息：4盏绿色的切断灯水平安装，在灯箱上半部水平居中设置。这些灯是着舰指挥官在所谓的无线电静默或类似的电磁信号控制（EMCON）的着舰条件下使用。NATOPS手册对于切断灯是这样介绍的：

当舰载机接近凹槽（Groove，舰艉的斜角甲板末端）时，着舰指挥官将暂时打开切断灯，相当于回复"罗杰球"（美国海军术语，意思是批准着舰——译者注）呼叫。切断灯的后续照明指示呼叫需要加电。无线电静默通常用于昼间情况1的舰队行动，以尽量减少无线电传输；电磁信号控制则是将所有电磁信号的泄出都控制在最少化的状态。

（US Navy，2014，1-12）

红色的复飞灯是在改进型菲涅尔透镜光学助降系统的中央灯箱两侧以竖排方式布置，每侧7盏。着舰指挥官也控制这些灯光，目的是告诉舰载机立即复飞（即放弃着舰并飞越航母）。这是一个强制性的指令，通常是在"污甲板"（意思是在着舰区域有人员或其他障碍物，飞机无法降落）状态时发出。

自动航母着舰系统（ACLS）

自动航母着舰系统包含一个德事隆系统（Textron Systems）公司生产的AN/SPN-46

下图 "艾森豪威尔"号航母（CVN-69）上的菲涅尔透镜光学助降系统在情况3能见度着舰期间的清晰度。

"肉球母职"

美国官方的航母手册标明了下列有关"肉球母职"的规则。换句话说，就是如何根据改进型菲涅尔透镜光学助降系统采取正确进近的做法：

A. 尝试飞"顶球"，因为略高于下滑道比低于下滑道更好。
B. 切勿低或慢。
C. 始终高或快。
D. 如果低且慢，先校正低然后校正慢。
E. 如果高且快，先校正快然后校正高。
F. 按"球"飞，一直飞到触舰。
G. 接近（航母）时切勿以高"球"为中心，而是要让一个上升"球"停止。

模式1——自动模式，其中舰载机的飞行控制是与自动航母着舰系统耦合的。指令和进近误差信号被发送到舰载机上，舰载机的机载系统将它们转换成控制动作，提供一种不干预的进近和着舰（本质上是自动驾驶着舰）。

模式1阿尔法——自动的、不干预的模式，直到飞行员目视发现改进型菲涅尔透镜光学助降系统的灯光为止。此时，飞行员接管并驾驶舰载机着舰。

模式2——类似于仪表着舰系统（ILS，俗称盲降系统）进近。进近错误信号被传送到舰载机上，舰载机将"针"显示在十字线显示器的中心。

模式3——舰母进近管制（CCA），类似于地面进近管制（GCA），由管制员向飞行员提供方位和下滑道信息。

（V）3精确进近着舰系统（PALS）。该系统集成了一个环形激光陀螺稳定单元，可以在各种海况下实现稳定。它用"针"显示舰载机相对于下滑道和最终方位的位置。自动航母着舰系统使用2部双波段雷达（DBR）天线和发射机，以"蛙跳"模式向2架舰载机提供精确的下滑道和方位信息（所谓"蛙跳"模式，就是当一架舰载机着舰后，自动航母着舰系统将立即转向引导另一架舰载机）。

自动航母着舰系统是一个非常复杂的系统，有4种基本着舰引导模式：

不难看出，最先进的着舰引导模式是全自动的模式1，能够让舰载机以所谓的"看起来毫不费力"的方法降落在航母上。自动航母着舰系统目前计划在美国航母上服役到2025年，届时将被新一代"联合精确进近着舰系统"（JPALS）取代。

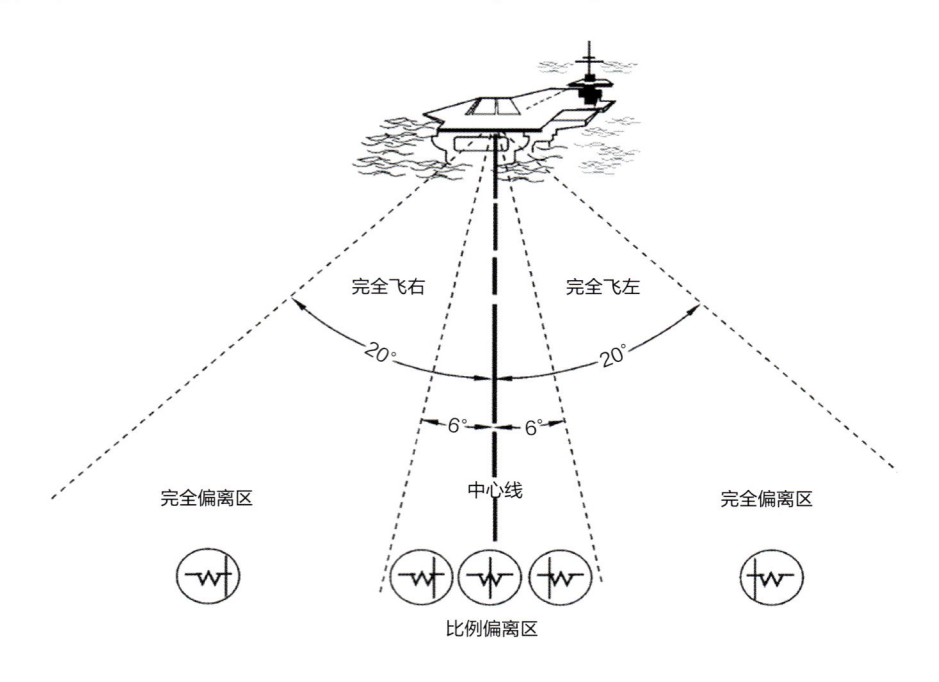

右图 使用ICLS、ACLS或其他航母控制进近（CCA）方式进行最终方位校正的示意图。

联合精确进近着舰系统（JPALS）

即将安装在美国航母上的新一代着舰系统是联合精确进近着舰系统（JPALS）。该系统的主承包商是雷神公司，其生产已经在2019年3月25日获得美国海军航空兵系统司令部（NAVAIR）的批准。JPALS将被安装在洛克希德·马丁公司F-35"闪电"Ⅱ的所有3个发展型号（F-35A、F-35B、F-35C）和MQ-25A"黄貂鱼"舰载无人加油机上，但是雷神公司表示JPALS可以安装在任何装有GPS和惯性导航系统、可重新编程的无线电和适当数字化的舰载机上，包括美国海军"超级大黄蜂"舰载战斗攻击机、"鱼鹰"倾转翼飞机和"鹰眼"预警机。相应的舰载系统将最终安装到美国海军现役11艘航母上。

JPALS是一种差分GPS精确着舰系统，用于引导舰载机在航母或两栖攻击舰甲板上着舰。它能够在飞行员的平视显示器（HUD）上提供一种"隧道"形式，保证让飞行员每次都能将舰载机降落在一致的着舰点。雷神公司特别强调，该系统可把舰载机引导到甲板上一个只有8英寸×8英寸的着舰点，即使在恶劣天气和5级海况条件下，也能通过抗干扰和加密技术保护持续连接。

JPALS的覆盖范围很广——飞行员在着舰时将首先在200海里的距离与系统连接，然后开始接收距离和方位信息；在60海里处，舰载机自动进入JPALS着舰队列，并用双向数据链进行通信；从10海里处开始，飞行员接收由视觉指令提供的精确着舰数据，并跟踪这些数据直到触舰。

JPALS与之前的着舰引导系统的主要区别之处在于它完全依赖自动化数字通信，飞行员和空中交通管制员之间没有无线电通信。因此，JPALS是一种技术创新，有望在未来的航母作业中实现更高的自动化。

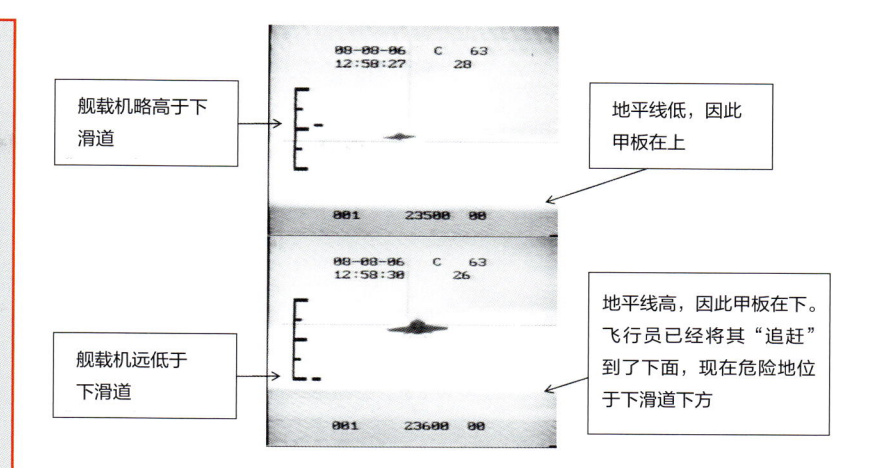

舰载机略高于下滑道

地平线低，因此甲板在上

舰载机远低于下滑道

地平线高，因此甲板在下。飞行员已经将其"追赶"到了下面，现在危险地位于下滑道下方

仪表航母着舰系统（ICLS）

仪表航母着舰系统的型号为AN/SPN-41，实际上就是着舰引导雷达。该系统有2部发射机，分别位于舰岛后部的桅杆和舰艉，其中位于舰岛后部桅杆的是俯仰角发射机，位于舰艉的是方位角发射机。在舰载机上，仪表航母着舰系统接收器通过一个十字线显示器显示角度信息，显示器上的垂直指针对应方位角，水平指针对应海拔高度或下滑道。美国海军航空兵训练和作战程序标准化（NATOPS）对该系统做了进一步说明："仪表航母着舰系统是一种从舰艇到舰载机接收器的单向传输，容易受到纵摇甲板条件的影响。为了区分仪表航母着舰系统和自动航母着舰系统，一般将前者称为'靶心'"（US Navy，2014，1-10）。因此，虽然仪表航母着舰系统可以为距离航母20英里的舰载机提供导航信息，但在着舰之前，飞行员还是需要从仪表航母着舰系统切换到视觉着舰辅助系统，如改进型菲涅尔透镜光学助降系统。

手动操作视觉着舰辅助系统（MOVLAS）

如果改进型菲涅尔透镜光学助降系统因任何技术原因（如设备故障或超出稳定系统的限制）而失效，则手动操作视觉着舰辅助系统可作为备用的航母着舰辅助系统（也用于飞行员/着舰指挥官训练）。手动操作视觉着舰辅助系统

上图 手动操作的视觉着舰辅助系统（MOVLAS）中继器在综合弹射和回收电视监视系统（ILARTS）上的视图。

具有与改进型菲涅尔透镜光学助降系统类似的照明系统，旨在提供下滑道信息，两者主要区别在于前者是着舰指挥官通过手动控制器直接控制"球"的位置。手动操作视觉着舰辅助系统的中继器也位于着舰指挥官平台上，这样着舰指挥官就可以监控呈现给飞行员的下滑轨迹。

视觉着舰辅助系统有 3 种操作模式：

模式 1——在这种情况下，灯箱直接安装在改进型菲涅尔透镜光学助降系统透镜前面的左舷，而手动操作视觉着舰辅助系统显示"肉球"信息，但使用改进型菲涅尔透镜光学助降系统的基准灯、复飞灯和切断灯。

模式 2——在这种情况下，人工视觉着舰辅助系统与改进型菲涅尔透镜光学助降系统是完全分开的，前者安装在后者后方 75~100 英尺的位置。除了"肉球"显示，手动操作视觉着舰辅助系统还使用改进型菲涅尔透镜光学助降系统的基准灯、复飞灯和切断灯。

模式 3——该装置与模式 2 类似，但位于飞行甲板右舷舰岛结构的后部。

远程激光对中系统

该系统是飞行员的视觉辅助工具，可在进近航母时协助其进行正确对中。它使用了一套对人眼安全的低强度彩色编码激光束系统，在夜间可将激光束投射到 10 英里外的地方。飞行员感觉到的激光颜色和闪光速度提示他是在着舰中心线上还是需要校正一定程度的误差。在中心线上（只有 0.5°的变化），他会看到稳定的黄色灯光；当他偏离路线时，灯光将改变如下：

右舷错误：
稳定的绿色光 −0.75°；
慢速绿色闪光 −4.0°；
快速绿色闪光 −6.0°。

左舷错误：
稳定的红色光 −0.75°；
慢速红色闪光 −4.0°；
快速红色闪光 −6.0°。

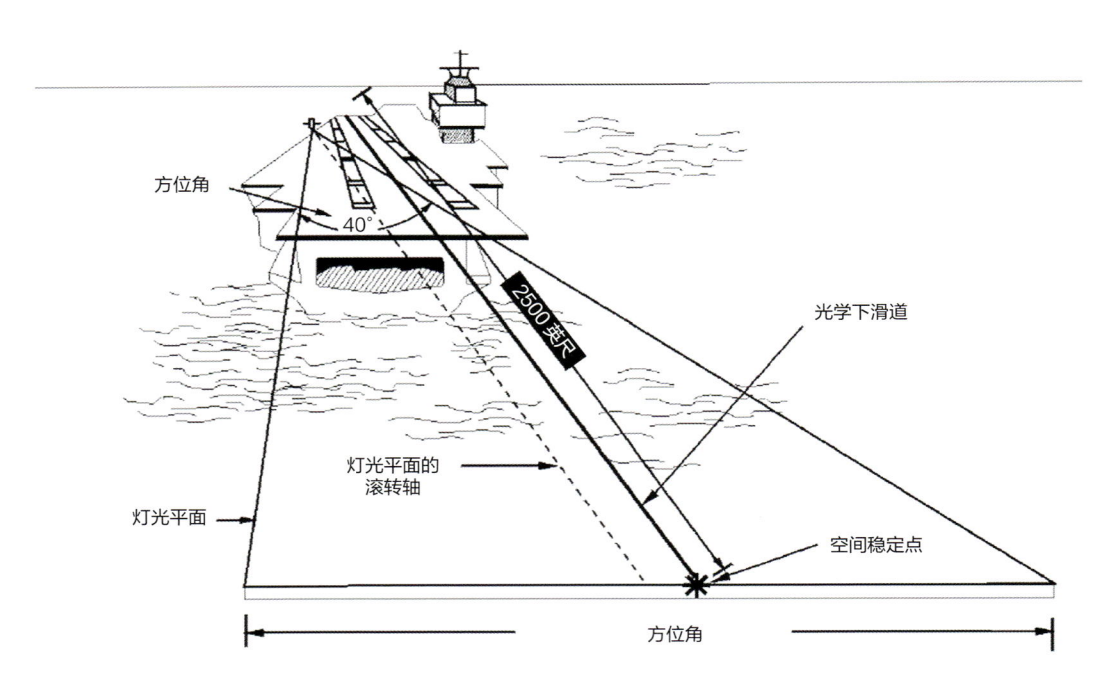

右图 为实现最佳回收而进入航母的理想下滑航线。

垂线中心线延伸

它不具备电子主动引导功能，而是航母艉部垂直排列的照明序列，沿着舰甲板的中心线向下延伸。舰载机在进近时，如果下滑航线正确，飞行员将看到甲板中心线和垂线正确对中；如果垂线在甲板中心线的左舷或右舷，则需要调整下滑航线。

上面描述的功能是飞行员和飞行控制人员在舰载机回收过程中使用的主要着舰引导系统，不过还有其他系统值得一提。

进近着舰虚拟成像系统（VISUAL）就是一种光电传感器和显示系统，可在低能见度和夜间条件下分别向航母人员和进近中的飞行员提供舰载机和航母的增强图像。它集成了光电跟踪系统、着舰指挥官工作站和固定下滑道传感器，不仅具备对舰载机的目视发现能力，而且还显示有关进近和着舰的关键信息。它与着舰的视觉呈现相关，所有的弹射和回收都从多个位置进行拍摄和记录。

综合弹射和回收电视监视系统（ILARTS）可以在闭路电视上显示航母的飞行作业情况，并将图像实时显示给航母周围关键飞行位置的电视监视器，包括着舰指挥官平视显示器（LSO HUD）、司令舰桥、航空舰桥、航海舰桥、作战情报中心（CIC）、中队待命室、飞行甲板和航空维修控制中心。

将所有信息源汇集在一起的是综合舰载信息系统（ISIS），这是航母空中交通管制中心和航空舰桥用来在所有相关方之间整理、分发和显示核心飞行信息的数据管理系统。

航母空中交通管制中心

就像任何普通的陆上民用机场或空军基地一样，航母同样需要复杂的空中交通管制，而这是通过航母空中交通管制中心（CATCC）来实现的。航母空中交通管制中心位于甲板下面一个小巧而繁忙的数字照明舱室中，它有 3 个主要功能：

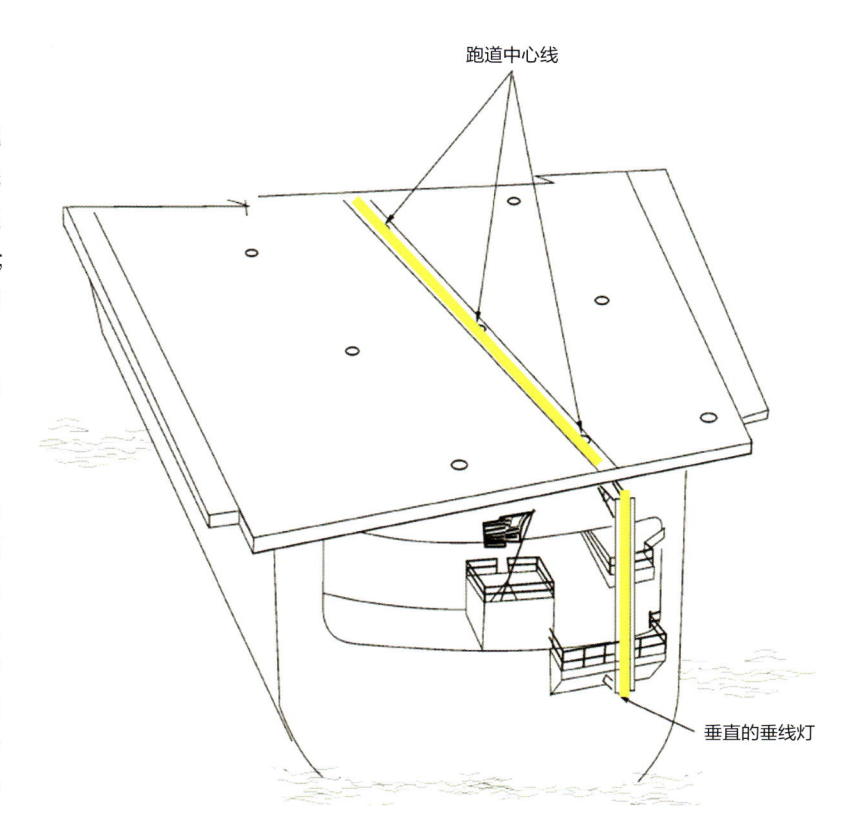

上图 航母后方的垂线中心线延伸灯帮助飞行员与回收飞行甲板的中心线精确对中。

下图 "航空老板"位置特写

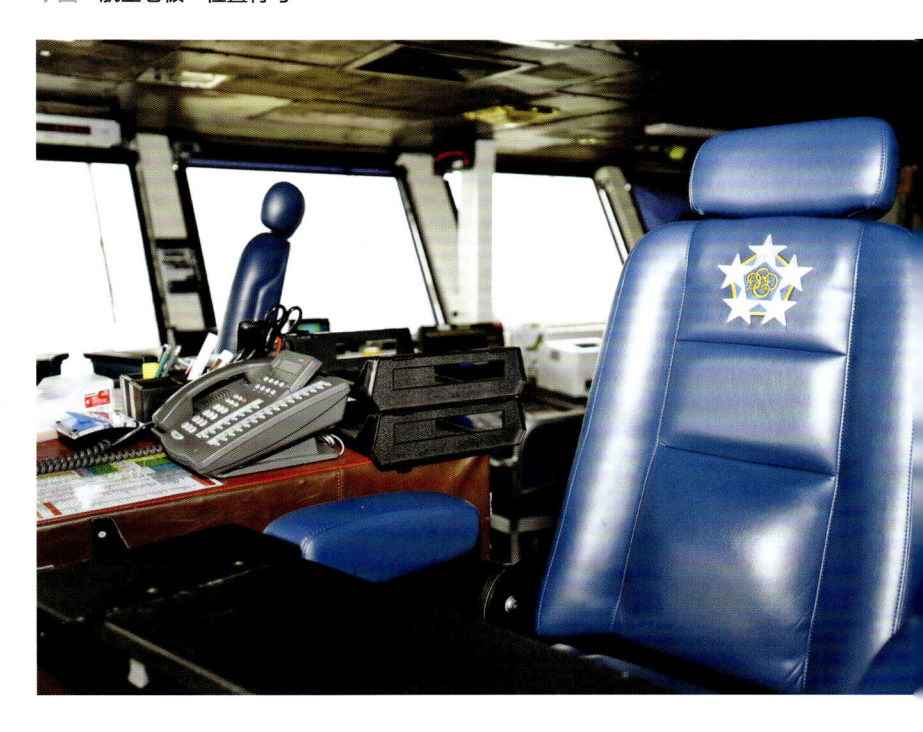

上图 2名空中交通管制员在"杜鲁门"号航母（CVN-75）上的空中交通管制中心（CATCC）跟踪舰载机并与飞行员交流。

A. 跟踪所有的航母飞行作业状态；
B. 受塔台（"航空老板"）控制以外的所有航空器控制权都归属航母控制区（CCA）。航母控制区负责控制航母周边50海里半径内的所有空域。
C. 在夜间和仪表气象条件（IMC）下提供舰载机的起飞和进近雷达控制。

所以，航母空中交通管制中心分为3部分：航空作业、空中任务指令（ATO，在航空作业中）和航母控制区。

航空作业

航空作业处负责确保向全舰所有相关人员分发准确及时的信息和关键飞行作业数据。根据编号为NAVEDTRA 14342A的作战手册中关于空中交通管制员（AC）的表述（US Navy，2011），该分支机构包括人员及其主要职责如下（请注意，这个人员及职责分工并未涵盖所有情况）。

航空作业官

- 审核燃油和后勤需求的航空计划。
- 监督和协调航空计划的执行。
- 在飞行作业期间，应随时了解航母空中交通管制中心控制下的舰载机运行状态，并确保将所有相关信息提供给其他航母工作中心和相关人员，包括指挥官、司令舰桥、航空舰桥、航海舰桥、打击作业人员、指挥链（COC）、调度员、着舰指挥官（LSO）等。
- 确保在飞行前和飞行中向飞行员提供执行飞行任务所需的所有作业信息（不包括情报信息）。
- 确保将所有相关的飞行信息提供给航母和岸上设施之间的往返舰载机。
- 根据需要制作舰载机联队和中队的简报，以评估飞行作业情况。

航空作业观察官

- 确保航母空中交通管制中心在预定飞行前1.5小时有人值勤，并完成航母上海军航空兵训练和作战程序标准化（NATOPS）规定的检查清单。
- 确保在发布前2.5小时及时有效地分发简报信息。
- 向司令舰桥、航空舰桥、航海舰桥、打击作业人员、航母情报中心（CVIC）、作业军官、

右图 第103攻击战斗机中队（VFA-103）的一架F/A-18E"超级大黄蜂"放下起落架和着舰钩，正在进近"林肯"号航母（CVN-72）。

航母控制区人员、舰载机大队（CAG）、战斗群代表、舰载机联队作业人员和中队待命室分发一切有关飞行作业的相关信息，包括航空计划的任何更改。
- 随时了解所有在航母上作业的直升机的状态。
- 管理航母携带的燃油，并监视加油站分配和加油程序。
- 确保为每种舰载机型号记录准确的备降/"宾果"（Bingo）燃油（指的是最低剩油量，也称返航安全油量，舰载机停止任何作业返航并安全降落所需要的燃油量）和"污甲板"续航力信息。

航空运输官
- 作为乘客、邮件和货物传送的联络点。
- 准备与航空运输官职能相关的信息。
- 根据 OPNAVINST 4630.25 的规定，人员在航母舰上运输（COD）/垂直舰上运输（VOD）方面拥有优先权。
- 熟悉所有用于后勤用途的舰载机的载荷能力/限制、携带的救生设备和紧急撤离程序。
- 确保正确的人员、设备和物资配置，以方便进行航母舰上运输/垂直舰上运输的舰载机的快速装卸，减少舰载机在甲板上的停留时间，进而减少对预定飞行作业的影响。

航空作业主管
- 确保所分配的人员经过适当的培训，能够胜任航空作业标图员、状态板管理员、着舰/弹射记录员等职能人员的工作。
- 确保航空作业人员配备妥当，并为飞行作业做好准备。
- 确保状态板准确、完整。
- 确保所有航空作业人员了解并理解通信和补丁面板程序。
- 确保所有航母空中交通管制中心系统/设备都符合电磁信号控制的要求。
- 确保维持主航空计划，并将变更和修订的计划分发给所有相关工作中心和人员，包括作战指挥中心、航空舰桥、打击作业人员、中队待命室、航母控制区、航母情报中心、飞行甲板控制室、航海舰桥、司令舰桥、战斗群代表和舰载机联队作业人员。
- 确保分发前的信息准确且完整。

航空作业标图员
- 在不进行飞行作业的情况下，每小时采集1次舰位，在飞行作业中每30分钟采集1次舰位；将位置、直接高度与身份读取（DAIR）、舰艇惯性导航系统（SINS）的位置相关联。
- 确定备降/"宾果"机场与最近陆地的距离和方位，并更新航空作业和航母控制区的状态板。
- 在适当的海图上描绘航母相对于航线、热点区域等的位置。
- 在航空作业和航母控制区的状态板上记录航母和"宾果"机场的气象。

状态板管理员
- 检查航空舰桥、作战指挥中心、飞行甲板控制室、中队待命室、航母控制区等的通信设

上图 T-45C"苍鹰"是美国海军主要的航母舰载教练机。这架第2训练联队（TW-2）的T-45C正在"斯坦尼斯"号航母（CVN-74）的飞行甲板上进行触舰复飞训练。这张照片摄于"斯坦尼斯"号航母2019年在大西洋活动期间。

备是否正常工作。
- 根据需要与航空舰桥、作战指挥中心、飞行甲板控制室、中队待命室和航母控制区交换信息。
- 从飞行甲板控制室/待命室收集舰载机的机号和飞行员姓名。
- 保证状态板上有舰载机机号、事件编号和飞行员姓名。
- 记录弹射和着舰时间。
- 记录/更新燃油状态。
- 记录相关信息，如触舰复飞、复飞（"污甲板"和技术）、挂载/未消耗弹药、转向/备降，以及可能/即将影响弹射和回收作业的任何其他舰载机信息。
- 在情况 3 作业期间，更新舰载机队列信息。

航母进近管制（CCA）员
- 航母进近管制员"在舰载机弹射和回收期间对舰载机进行排序和分离"。

航母进近管制（CCA）官/观察官
- 在开始飞行作业前，识别可能/即将影响弹射和回收作业的任何问题，并在可能的情况下制定计划，将问题的影响降到最低。
- 在情况 2 和情况 3 的事件之前，确定离场基准径向仪表进近程序和径向排列。
- 在飞行作业期间，与航空作业观察员、"航空老板"协调回收指令、斜坡时间、甲板状况、紧急情况等。
- 确保将有关弹射和回收作业的所有相关信息发送给航母进近管制员，包括离场（起飞）/回收类型（情况）、仪表进近程序、基准回收航道、中断/斜坡时间、离场基准径向、空域限制、其他预定的飞行作业、系统或设备损伤和故障、环境因素等。
- 在飞行作业期间，确保所有舰载机遵守离场和回收程序，并在情况 2 和情况 3 作业期间，离场和回收舰载机之间有足够的间隔。
- 监控舰载机和加油机的燃油状态，加油机加

下图"杜鲁门"号航母（CVN-75）的助理航空作业军官约翰·麦考斯基海军上尉（前方）在空中交通管制中心（CATCC）监控舰载机的燃油状态。

油系统状态,并与航空作业和离场控制协调加油作业。

航母空中交通管制中心(CATCC)主管
- 协助航母进近管制观察官履行职责。
- 准备航母进近管制监视站任务分配。
- 确保航母进近管制员的适当配备,并为飞行作业做好准备。
- 确保系统和设备的评估,报告损伤和故障情况,并在必要时与维修人员进行协调以采取适当措施。
- 识别所有可能影响弹射和回收作业的空域限制。
- 查看有关飞行作业计划的相关信息,包括主航空计划、加油计划、通信计划、当日卡、电磁信号控制条件等。
- 监控所有舰载机燃油状态。

离场(起飞)控制员
- 保持适当的起降间隔,确保飞行安全。
- 审核航空计划和加油计划。评估系统和设备。向航母空中交通管制中心主管报告损伤和故障。
- 识别所有可能影响弹射作业的空域限制。
- 在开始执行飞行作业之前,向舰载机提供飞行组成、任务分配、离场类型(情况)、离场基准径向、基准回收航道、位置和预定移动、弹射时间等方面的任何变化。
- 与航母进近管制观察官协调有关加油作业方面的所有信息,包括所派遣的加油机、低空状态或可能处于低空状态的舰载机、可能影响加油作业的气象条件变化等。

排列(Marshal)控制员
- 保持适当的起降间隔,确保飞行安全。
- 审核主航空计划。
- 评估系统设备通信状态。
- 识别可能/即将影响回收作业的空域限制。
- 与航母空中交通管制中心主管协调回收类型(情况)、预定基准回收航道、预定固定翼舰载机和直升机的排列径向、预定最终方位、预定进近类型、中断/斜坡时间、触舰复飞支线、首推时间、离场基准径向等。
- 确保航母进近管制回收(排列)板准确和完整。

- 必要时,向已经开始进近的舰载机发送控制指令。
- 发布向量和/或速度变化以保持舰载机分离。
- 监控燃油状态。

进近管制员
- 保持适当的起降间隔,确保飞行安全。
- 审核主航空计划。
- 为转向/备降舰载机提供指令、协助和飞行跟踪。
- 保持已弹射和剩余待弹射舰载机数量。
- 在起飞作业周期,向舰载机的警戒直升机提供相关的弹射和回收信息。
- 在情况3作业期间,每20分钟与空中执行警戒任务的直升机进行1次通信检查(可能由离场控制执行)。

最终控制员
- 保持足够的起降间隔,并确保飞行安全。
- 审核主航空计划。
- 评估系统/设备/通信状态。
- 识别所有可能/即将影响回收作业的空域限制。
- 与航母空中交通管制中心主管协调回收类型(情况)、预定最终方位、预定进近类型、触舰复飞支线、首推时间等。
- 为每架舰载机提供精确或非精确进近。

上图 2019年太平洋演习期间,一架第8直升机海上作战中队(HSC-8)的MH-60S"海鹰"直升机在"罗斯福"号航母(CVN-71)的飞行甲板上着舰后,另一架HSC-8中队的"海鹰"直升机上的一名海军空勤人员(直升机)竖起了大拇指。

第四章 飞行作业

可视化显示板（VDB）操作员

- 监视舰载机的进近频率，观察进近管制雷达显示，确定舰载机的回收次序和相对于航母的位置。
- 准确记录舰载机的回收次序和可视化显示板上相对于航母的位置。
- 应进行人工操作，并在情况2回收期间保持准确的空中舰载机排列，这将有助于确保在必要时顺利过渡到情况3的环境。

离场（起飞）板/综合舰载信息系统（ISIS）管理员

- 审核主航空计划。
- 评估设备和通信状态。
- 在弹射前，记录弹射前信息（如事件编号、预定弹射时间、预定弹射类型、预定离场基准径向、预定基准回收航道、航母周围气象条件、高度计，以及舰载机事件编号、机号、任务等；加油机信息；必要的基本信息和注解）。
- 弹射作业开始后，记录基准回收航道和离场基准径向；监控离场点，以采集并记录舰载机的弹射时间和飞行剖面；监控加油机，以采集并记录加油机的燃油状态、给定和高度、受油机的燃油状态和加油作业进度。
- 根据需要与离场控制协调，以保持弹射作业准确和完整的记录。
- 弹射作业完成后，将弹射的舰载机通知给排列板/综合舰载信息系统管理员。

排列板/综合舰载信息系统管理员

- 审核主航空计划。
- 评估设备和通信状态。
- 在回收作业开始前，记录回收前信息〔如事件编号、预定回收类型（情况）、预定进近类型、预定最终方位、中断/斜坡时间、舰载机机号（按预定回收次序）、预定排列径向、测距机（DME）、高度、预定进近时间、进近/最终按钮、返航安全油量或油箱燃油状态〕。记录信息后，通过与航空作业的弹射和回收状态板对比，检查舰载机信息的准确性。当舰载机进入回收队列时，回收监视器捕捉到它并且为其分配回收代码、马歇尔径向、距离、高度、进近时间、进近/最后进行定位点、燃油状态，以及任何有关紧急情况、故障等附加信息。

进近板/综合舰载信息系统管理员

- 审核主航空计划。
- 评估设备和通信状态。
- 记录最终方位/基准回收航道和顺风航向；使用分离式耳机同时监控进近/最终按钮，以采集并记录舰载机的燃油状态、进近状态、飞行剖面和结果。
- 根据需要与排列、进近管制员协调，保持准确和完整的回收作业报告。
- 回收作业完成后，检查航空作业的弹射和回收状态板的准确性。

从上述航空作业人员的职责表中，我们可以看到有不少职责是重叠的。所有的航母空中交通管制中心人员实际上都参与了航空计划的实施，并根据不断变化的空域实际情况对该计划进行监控。对航母空中交通管制中心来说，最核心的职责就是保证沟通顺畅。

还有一点需要强调，燃油监控过程非常重要。现代喷气式舰载机是耗油大户，一架典型的喷气式战斗机每分钟大约消耗100磅燃油，而且飞行高度越低，燃油消耗越大。因此，在

下图 "企业"号航母（CVN-65）上的CATCC屏幕显示舰载机的状态和位置。

许多情况下，一架喷气式舰载机在着舰时实际上没有多少燃油了。在进近航母时，飞行员可以对其燃油状况发出两种口头预警。一种是"最低燃油量"，这就是提醒管制中心，该舰载机在着舰时只能有很少的延迟，甚至不能有延迟。尽管情况还不至于严重到要求该舰载机优先于其他舰载机紧急着舰的程度，但如果发生了空中交通冲突，需要进行优先级别调整时，处于"最低燃油量"的舰载机在着舰队列中享有优先权。另一种则是"燃油不足或紧急情况"，这说明情况非常紧急。飞行员将向管制中心报告该机确切的剩余燃油量，而管制中心将会立即安排其着舰或迅速派遣其他F/A-18为其进行"伙伴"加油。因此，别小瞧根据舰载机的燃油消耗进行舰载机回收程序安排的这短短几分钟，它将决定舰载机是安全着舰还是坠入大海。为了准确判断燃油、舰载机损坏和飞行条件的各种问题，管制中心里还有每个飞行中队的代表。

回收过程

一旦舰载机完成了任务，就该返回航母了。"时间"是这里的关键词。尽管航母已经完全准备好调整作业计划，但在大多数情况下，会根据舰载机燃油消耗的实际情况安排着舰循环。当舰载机返航时，飞行员会与航母打击群（CSG）防空管制员（"红冠"）联系，向防空管制员发出进近预警。这个步骤是很重要的，我们必须记住，围绕在航母周围的护航舰艇的一个重要任务就是防空警戒，摧毁任何接近并试图攻击航母的敌机。"红冠"在收到飞行员的预警信息之后，将通信联系移交给打击管制员，并在舰载机进入50海里的航母控制区之前交换与回收相关的任何信息——舰载机状态（包括燃油状态）、气象、预定的情况回收等。

当舰载机进入航母进近管制时，打击管制员将舰载机再移交给航母空中交通管制中心的排列员进行管制。等待着舰的空中编队飞行指挥官将整个编队的飞行高度、燃油量最低的舰载机（直升机以小时和分钟数为计量单位，固定翼舰载机以磅重为计量单位）、编队飞行的舰载机总数、进近所需的精确进近和着舰系统（PALS）类型与可能影响着舰的任何其他信息告知排列控制员。作为回应，排列控制员将给飞行员发送基本进近信息，如情况回收等待指令（包括等待高度）、航母上的气象条件、高度计设置和基准回收航道与返航安全油量等。与此同时，排序控制员还将进行舰载机的初始排序和分离。

上图 "斯坦尼斯"号航母（CVN-74）的航空（设备）上士伯登·本尼迪克特在进行飞行作业之前，对弹射器进行最后检查。

右图 2009年，一架第129战术电子战中队（VAQ-129，绰号"维京人"）的EA-18G"咆哮者"电子战机准备在"里根"号航母（CVN-76）上着舰。

情况1（Case I）回收

正如前面所讲，回收作业的确切过程需要根据气象/能见度条件调整变化。情况1对可见性没有明显的限制，自然是最方便的回收模式。飞行员通过"看到你（see you）"呼叫来告知排列控制员，自己与航母有目视接触。在这种情况下，排列控制员可以直接将舰载机交给航空舰桥进行着舰引导。

在不小于10海里的距离上，舰载机被给定所需的等待高度。当舰载机进入左手等待航线时保持该高度，这意味着舰载机将绕着航母沿逆时针方向飞一个长圆周航线（直径为5海里）。为了使所有人员都了解舰载机在航线流量控制中的位置，飞行圆周航线被分为4个点：第1点位于3点钟位置，几乎直接位于航母右舷上方，第2点、第3点和第4点依次以90°递增。着舰队列中的每一个梯队都必须保持其被给定的高度，最低高度为2000英尺AGL，相邻两个梯队之间的高度差至少应有1000英尺。当舰载机必须改变高度时，会逐渐向下飞行以进行着舰。所有的爬升都在等待航线的第1点和第3点之间进行，下降则在第3点和第1点之间进行。

在飞行甲板上，舰载机很可能正在弹射。一旦最后一架舰载机起飞，或者等待航线的舰载机从塔台收到"查理信号（Signal Charlie）"，回收过程就可以真正开始了。队列中飞得较低的舰载机开始打破等待航线，以大约210°的航向飞向基准回收航道，而在队列中的其他舰载机顺次转移到他们等待的下一个阶段。情况1着舰需要考虑的一个重要因素是，该模式通常是在无线电静默条件下进行的，因此飞行员本身必须准确判断何时进行着舰。

进近降落航线的起始位置（高度800英尺，距舰艉3海里，与航母的基准回收航道平行），然后开始脱离动作（脱离动作是指舰载机从起始点飞过0.5~1海里后左转弯——译者注）。这样做的目的是保证飞机到达凹槽（Groove，斜角甲板在舰艉的末端）时，飞行甲板已经做好了回收作业的准备（准备甲板）。该操作被称为"脱离甲板"，是一项必须掌握的技能，用以最大限度地提升回收作业的效率。

（US Navy，2014，2-15）

当离开等待航线时，舰载机在第3点外下降到800英尺的高度，继续飞到初始点，然后继续进近，并且是在航母右舷外侧飞行，与基准回收航道平行。"中断"是指在航母前方进行180°的水平转弯，高度下降到600英尺，放下起落架，然后围绕航母左舷绕行，准备再次进入基准回收航道，并飞入最终着舰航线。

至关重要的是，中断要在正确的时间间隔内执行，中断间隔由着舰航线中的最后一架舰载机决定。请注意：

中断不能在航母前方4海里以内进行。如果舰载机不能在4海里之前中断，那么它将不得不离开并重新进入航线。要做到这点，保持800英尺的高度飞行5海里，然后爬升到1200英尺，以一个左弧线回到初始点。在进行这个操作之前，飞行员必须通知塔台。

（US Navy，2014，2-15）

如果6架以上舰载机几乎同时到达舰艉甲板（fantail），则将被指示"绕飞"，也就是所有舰载机爬升和转弯，直到它们建立起正确的着舰间隔。

完成中断后，舰载机将继续直接进入航母艉部"90"，下降高度到450英尺；在接下来进入"45"——直接与斜角回收甲板对中之前，再下降高度到325~375英尺。尽管这听起来很简单，但实际上飞行员必须非常细心地操作，才能让所有转弯都很准确。转弯的时间过长或过短，都会破坏长机与其僚机之间的着舰关系，因为僚机正在后面紧追长机，为自己的着舰做准备。飞行甲板上的回收作业人员通常只需要45秒就可以使1架舰载机接触甲板，钩挂拦阻索，直到完全停止在甲板上。然后，这架已经完成着舰的舰载机将被转移安置到甲板上的其他地方，腾出着舰区，继续准备迎接后续的舰载机着舰。

在大约3/4英里距离上，飞行员将开始从菲涅尔透镜光学助降系统获得目视引导信息。美国海军飞行员蒂姆·希贝茨从飞行员的角度介绍了菲涅尔透镜光学助降系统的光学原理：

菲涅尔透镜光学助降系统将直观地向你展示你与理想状态相比——当一切都对中时——偏差有多大。根据绿色基准灯显示"球"（可见的灯光）所在的位置，操纵飞机上升或下降，调整到最佳下滑通道上。在3/4英里外，中央灯箱的5个单元格每个大约代表30英尺高，所以你必须要上升30英尺才能看到绿色基准灯向上移动了1格。一旦下滑通道结束，整个灯箱可见光所覆盖的高度内，你上下可调整的距离只有2.4英尺。当你降落时，将着舰钩放在2号和3号拦阻索之间，你的眼睛将处于一个18英寸高的窗口中。如果"球"在顶部，你就会越过拦阻索；如果"球"在底部，那么它会变成红色，这意味着你正面临着撞击斜甲板的危险。

（https://www.quora.com/What-is-it-like-to-landon-an-aircraft-carrier/answers/5075475）

下图 "情况1"着舰航线

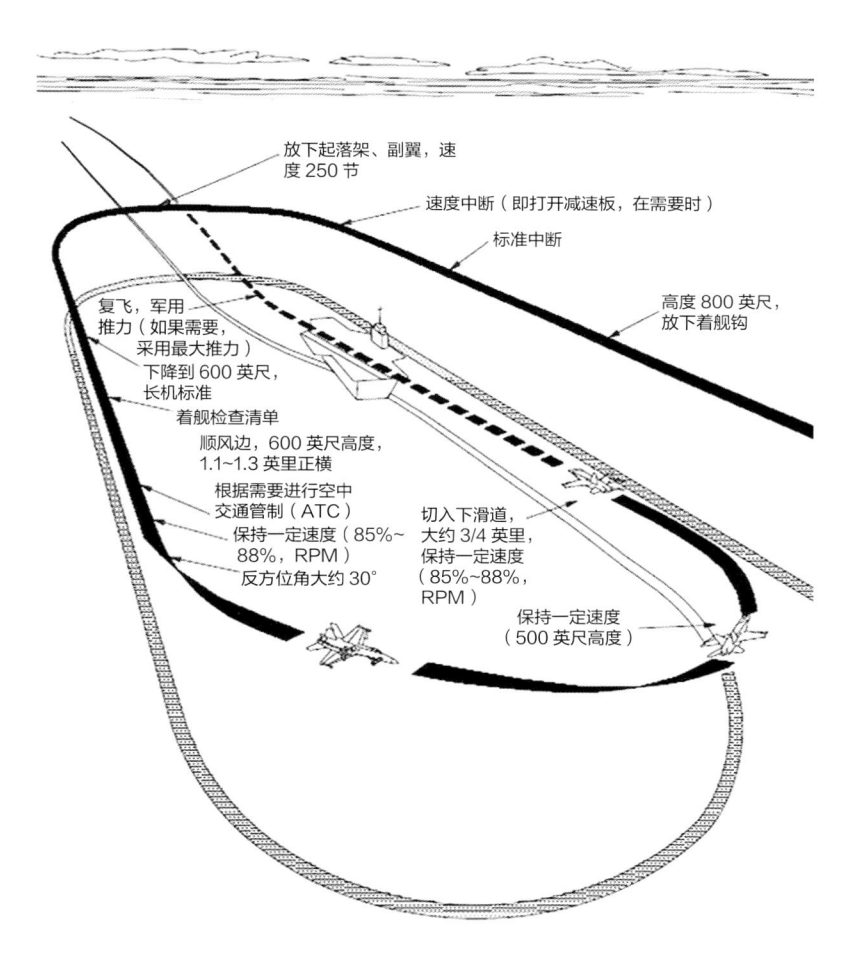

通过将注意力集中在"球"上，飞行员能够采用正确的下滑道和正确对中航母斜角甲板的中心线，从而避免着舰飞机撞上停在飞行甲板上的其他舰载机。与此同时，飞行员还必须根据飞行甲板的运动和侧风的影响不断调整舰载机姿态。根据希贝茨的描述，舰载机在着舰时经常会撞到"旋涡（Burble）"，即由于航母舰岛切断了气流，导致在航母后面大约 1/4~1/2 英里处出现气流紊流的区域；其他问题还有从甲板上升起的暖空气产生的不必要升力。

在舰载机进行着舰时，飞行甲板人员精神高度集中，全力以赴。安全着舰只是一瞬间的事，而其准备工作和执行流程则是相当烦琐且耗时耗力：

■ 拦阻官负责检查甲板上的回收作业状态，确保没有任何障碍物，所有人员都在工作岗位上，拦阻装置工作正常。当甲板准备就绪时，他会通知航空舰桥。

■ 观测员／通话员要确保平台已准备好进行回收，甲板状态灯打开，并与回收站或航母空中交通管制中心建立语音通信（在回收之前，飞行甲板上所有人员之间的通信都要进行测

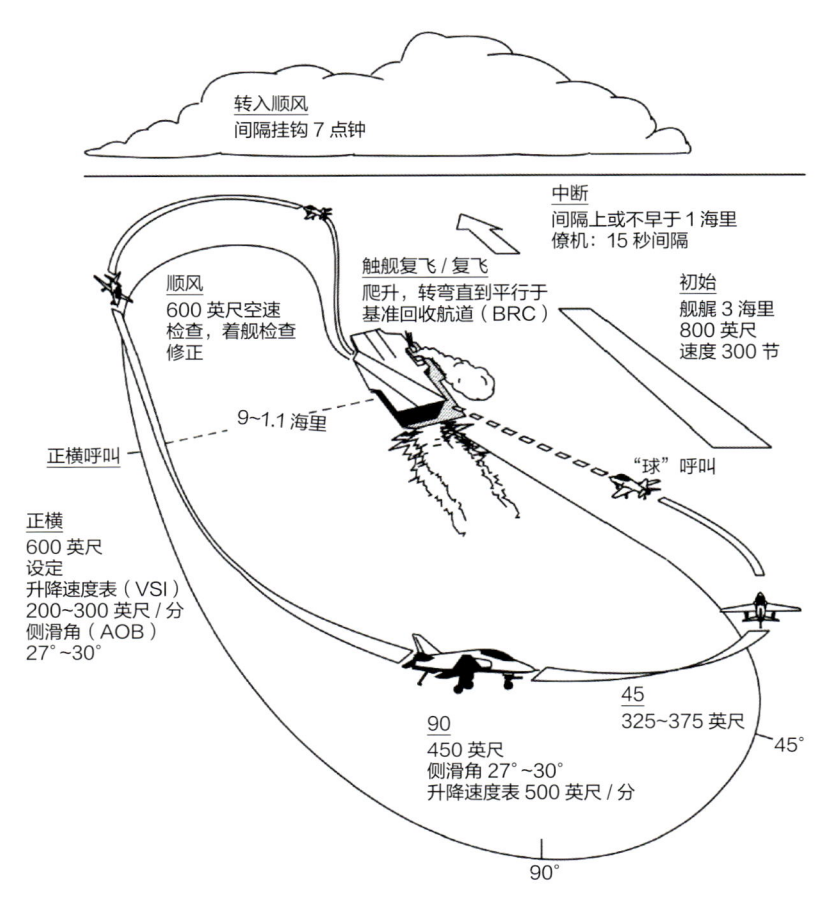

上图 这张图显示了理想的航母着舰航线，舰载机逐渐下降并转弯，直到最后进入 45°角的着舰跑道。

右图 从航空舰桥看向舰艉。这些位置的人员将在进近到最终回收期间跟踪舰载机。

试，确保畅通）。当着舰指挥官确认一切准备就绪之后，他将向空中编队指挥官通报"人员准备就绪"。
- 航空官填写一份回收检查表，其中包括情况回收和时间；与空中交通管制中心和舰桥确认首次斜坡时间；采集预定的基准回收航道；在着舰之前 15 分钟宣布"所有回收站都有人值守"；确定舰载机的回收状态（数量、类型、燃油、未消耗弹药等）。
- 航空舰桥拦阻装置控制员报告所有回收站有人值守。
- 拦阻官再次确保着舰区域干净，并确保斜角甲板的弹射器在着舰作业期间关闭。

在着舰指挥官报告"人员准备就绪"后，航空舰桥允许开始着舰，并打开菲涅尔透镜和甲板照明（除非作业要求另有规定），宣布"着舰"。当舰载机进近时，航空舰桥确定舰载机的类型并指示设置拦阻装置和菲涅尔透镜。其中拦阻装置是根据舰载机的着舰重量来设置，航空舰桥的拦阻员将全面负责这项工作，并通知甲板上的拦阻机操作员核实下一架舰载机所需的拦阻装置设置。接下来就是复杂而彻底的交叉检查，以确保拦阻装置的所有设置都是正确的。

与此同时，甲板边缘操作员检查所有的甲板拦阻索支撑物是否正确安装，拦阻索是否回撤张紧（即距离甲板高度正确，并且张紧横跨甲板）；拦阻机操作员则报告拦阻机设置；改进型菲涅尔透镜光学助降系统操作台的操作员调试好系统，监控设备的任何故障迹象。

当所有的拦阻装置检查完毕后，拦阻军官将甲板状态指示灯由红色调为绿色。任何时候灯调回红色，就意味着甲板"脏了"。除非问题得到解决且灯光调回绿色，否则着舰将无法进行（舰载机一着舰，灯光就会切换为红色。只有下次着舰获得批准时，灯光才会再次切换为绿色）。

舰载机进行最后着舰的时刻到来了。在这个阶段，着舰观察员 / 通话员已经告知着舰指挥官舰载机的类型，以及起落架、襟翼和着舰钩是否放下，所有这些信息都用一个简单的短

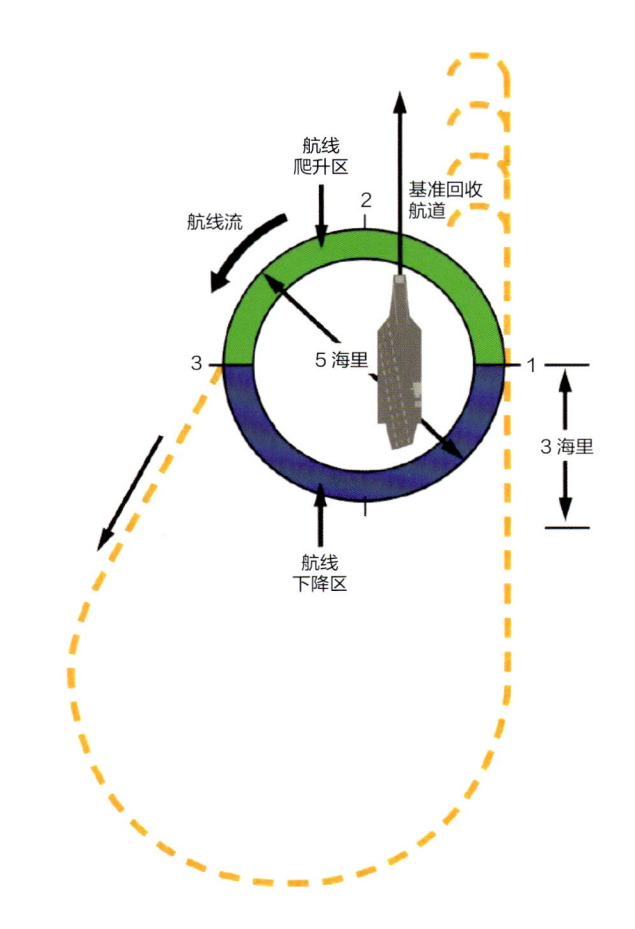

语"'大黄蜂'，全部放下！"来表达。他还会告诉着舰指挥官，拦阻装置、舰载机的重量是否已设置，甲板是否清洁（取决于甲板上的灯光照明），语言简洁，比如："（拦阻）装置设置，三六零，'大黄蜂'，干净甲板。"

在情况 1 着舰过程中，为了保持无线电静默，着舰指挥官的信号输入将是最少的，但他会通过其他方式来监控一切，如果进近方式不令人满意，他可以命令舰载机"复飞"。任何复飞都被列为强制指令（飞行员必须遵守的指令）。导致复飞的原因可能是飞行员失误（参见"给着舰评级"专题框），也可能是"污甲板"、风力过大、舰载机或拦阻装置出现机械故障等因素。如果复飞指令发出，飞行员将把油门推到军用额定推力，收回刹车，保持着舰高度，并在飞行甲板上空平飞，除非着舰指挥官或塔台明确指示其从右舷通过。经过舰艉后，舰载机与基准回收航道平行，上升到 600 英尺，然后顺风转弯以使自身重新稳定在着

上图 **情况 1 的空中等待航线。注意一个圆形飞行航线如何在 180°弧线上具有特定的爬升和下降段。**

舰航线上。当舰载机触到飞行甲板，但着舰钩未能挂住拦阻索时，则立即进行"触舰复飞"，就像复飞一样，飞行员此时将油门推到军用额定推力，收回刹车并拉起机头，离开飞行甲板。

如果一切顺利，飞行员将操纵舰载机在航母上成功着舰。原理基本上是保持正确的油门，"球"的关系和飞行甲板一直向下调节，直到机轮接触甲板和拦阻装置使舰载机在大约2秒内砰砰地停下来：

航母捕获。像触舰复飞一样精确进近，跟着"球"一直飞到触舰，当舰载机触舰时，将油门推到军用额定推力，收回速度刹车。不要期望一次就挂索着舰。保持军用额定推力直到舰载机完全停下来，位于1点到2点钟位置的"黄球衣"会发出收小油门的信号。接着"黄球衣"将会发出松刹车和后退的信号，然后是停止和收起着舰钩的信号。让舰载机后退一下，目的是让拦阻索脱开着舰钩。如果飞行员在着舰过程中踩刹车，舰载机就会向后倾斜，这样就可能对机尾部分造成损伤。在整个过程中，飞行员必须听从"黄球衣"的指令。

（US Navy，2014，2-17）

一旦舰载机着舰，飞行甲板人员将迅速将舰载机移至甲板上的停机区，进行飞行后的作业程序，如卸下未用完的弹药、加油或维修。

下图 情况1左舷等待航线进入，等待高度设定在10海里

着舰评级

除了在引导舰载机着舰方面扮演重要角色，着舰指挥官（LSO）还负责根据着舰的质量对舰载机进行分级。这些等级在很大程度上是一种公开记录，因为它们会被张贴在航母待命室的"绿丸板（Greenie Board）"上。每架舰载机都有一个彩色标签，显示舰载机的着舰状态：

绿色——正常：着舰效果良好，没有错误。
黄色——中等：着舰令人满意，但是有一些小错误。
褐色——无等级：着舰，但有严重错误。
红色——复飞：由于进近错误而被拒绝着舰，飞行员只好重新再来。
蓝色——触舰复飞：舰载机的机轮接触甲板，但飞行员由于挂钩失败而不得不再次将舰载机拉起复飞。

每位舰载机飞行员的主要目标都是保持一致的绿色线，可能偶尔会有黄色。如果有太多的红色和蓝色，将会导致飞行员的海军航空兵生涯结束。

左图 着舰指挥官（LSO）正观察 VFA-11 中队的一架 F/A-18F "超级大黄蜂"战斗攻击机在"杜鲁门"号航母（CVN-75）的飞行甲板上触舰，当时航母正在大西洋进行飞行甲板认证。

左图 一架 VFA-122 中队的 F/A-18F "超级大黄蜂"战斗攻击机在"尼米兹"号航母（CVN-68）上进行触舰复飞演练，注意机尾下方的着舰钩并未放下。

情况 2（Case II）着舰

在情况 2 着舰时，气象条件是云底高度低于 1000 英尺、能见度小于 5 海里。区分情况 2、情况 3 与情况 1 的一个关键因素是，前两者航母和舰载机之间的通信水平提高了——特别是在夜间和恶劣天气下，不用保持无线电静默。

正如数据所示，情况 2 介于情况 1 和情况 3 之间。美国海军的官方手册对情况 2 的说明如下：

情况 3 在 10 海里外应用，情况 1 在 10 海里内应用，或在报告"看到你（see you）"之后应用。这种进近将一直持续到航母出现在舰载机目视范围内为止，此时舰载机将与塔台接触并处理归航过程，就像情况 1。如果舰载机在 5 海里之前仍未看到航母，则舰载机将被引导到触舰复飞 / 复飞航线，并被给予有关情况 3 的回收指示。

（US Navy，2014，2-19）

一旦航母空中交通管制中心的排列控制员指示进行情况 2/3 着舰，则舰载机进入情况 2/3 排列航线等待航路点（Fix，简称航点），说明如下：

理想情况下，等待航点应该在相对于基准回收航道的 180 径向上，但是气象和空域方面的实际情况可能不允许。通常，等待航点将在 180 径向的 30° 范围内，舰载机将保持指定的径向距离，每 1000 英尺高度加 15，距离等于 1

下图 一架 HSL-47 反潜中队的 SH-60B "海鹰"直升机准备降落在"林肯"号航母（CVN-72）上。

海里。换句话说，等待航点的距离确定是15加上用角度来表示的指定等待高度。例如，如果220径向的等待指示角度为8°，则航点将按以下公式确定：

i. 距离 = 角度 +15，也就是 8+15=23

因此，220径向的等待航点是在斜距23 DME、高度8000英尺。涡桨舰载机和喷气式舰载机的最低分配高度为6000英尺。

（US Navy，2014，2-19）

等待航线形成了一个时长6分钟的左手巡回，每架舰载机在堆栈中的高度间隔为1000英尺。一如既往，进入等待航线需要的准确度非常高，飞行员必须在预定进近时间（EAT）正负10秒的范围内进近，这样才能严格控制舰载机与时间、空间的关系。

在情况2中，舰载机从开始进近到在航母上着舰，通常间隔1分钟；而在情况1中，间隔则为30秒。在进近的过程中，飞行员需将舰载机的速度设定为大约250节，下降率为4000英尺/分；在高度5000英尺时，将下降率进一步降至2000英尺/分；当高度下降到1200英尺时，飞行员将舰载机改平，如果这时航母在视线内，则报告"看到我（see me）"。如果飞行员在10海里处看不到航母，则会获得授权，将高度下降至800英尺；如果一直到5海里处还是看不到航母，那么飞行员会告知排列员以获得进一步的指示。通常的做法是排列员将这架舰载机引导到触舰复飞/复飞航线中，并开始准备进近仪表。在引导过程中，排列员

下图 "艾森豪威尔"号航母（CVN-69）的飞行甲板上，2名航空（调度）士官在指挥舰载机。他们使用4种颜色的荧光棒：琥珀色、绿色、红色和白色，每种颜色都针对不同的甲板人员。

会向飞行员提供气象、预定进近时间和相关的备降信息，这些信息对飞行员了解着舰条件十分重要。然后飞行员驾驶舰载机继续进近，直到航母最终出现在视线中，这时排列员将着舰控制权切换到塔台，飞行员采用和情况 1 相同的方式进近和着舰。

情况 3（Case III）着舰

这种着舰的难度最大。特别是在无月之夜，气象条件又很恶劣时，飞行员直到机轮触到飞行甲板，都可能看不到航母。情况 3 着舰的成功，取决于飞行员的仪表飞行能力、空中交通管制中心（ATC）与舰载机的通信，以及安装在舰载机和航母上的自动着舰系统。

在情况 3 条件下，飞行员直接进入前面说明的情况 2/3 的等待航线，并且采用同样的下降航线，在 366 米处改平。在此期间，排列员将一直呼叫舰载机的位置，并在 8 DME 和 4 DME 之间的某个地方，将舰载机连接到自动航母着舰系统（ACLS）。舰载机切入时间的间隔为 1 分钟。在自动航母着舰系统锁定点，飞行员要熟练比较"针"与"靶心"（自动航母着舰系统到仪表着舰系统），以确保舰载机与系统的良好锁定。如果飞行员的仪表数据与进近管制员的仪表数据不一致，管制员将取消锁定，然后引导舰载机和航母建立新的自动航母着舰系统锁定。

飞行员在 3/4 英里的距离呼叫"球"，然后全神贯注地操纵舰载机，直到舰载机稳稳降落到航母上。希贝茨对情况 3 着舰的经验和技术要求进行了详细描述：

航母上的进近管制员确认他们已经把你锁定，并告诉你飞向"针"。你继续下降，当导航和通信无线电高度计（RADALT）调到 400 英尺时，示警你该开始寻找航母了。通过平视显示器（HUD）看到的只有仪表数据引导，除此之外什么都没有。你大约在 1 英里处开始破云而出，航母突然出现在它应该在的地方。在距离海面大约 300 英尺的高度，进近管制员会告诉你"3/4 英里，连续不断地呼叫'球'［呼叫格式：机身编号 + 飞机类型代号 + "球" + 燃油状态 + 自动油门（通常省略）——译者注］。

下图 "情况 2" 进近剖面图，显示了依次的高度和速度标志。

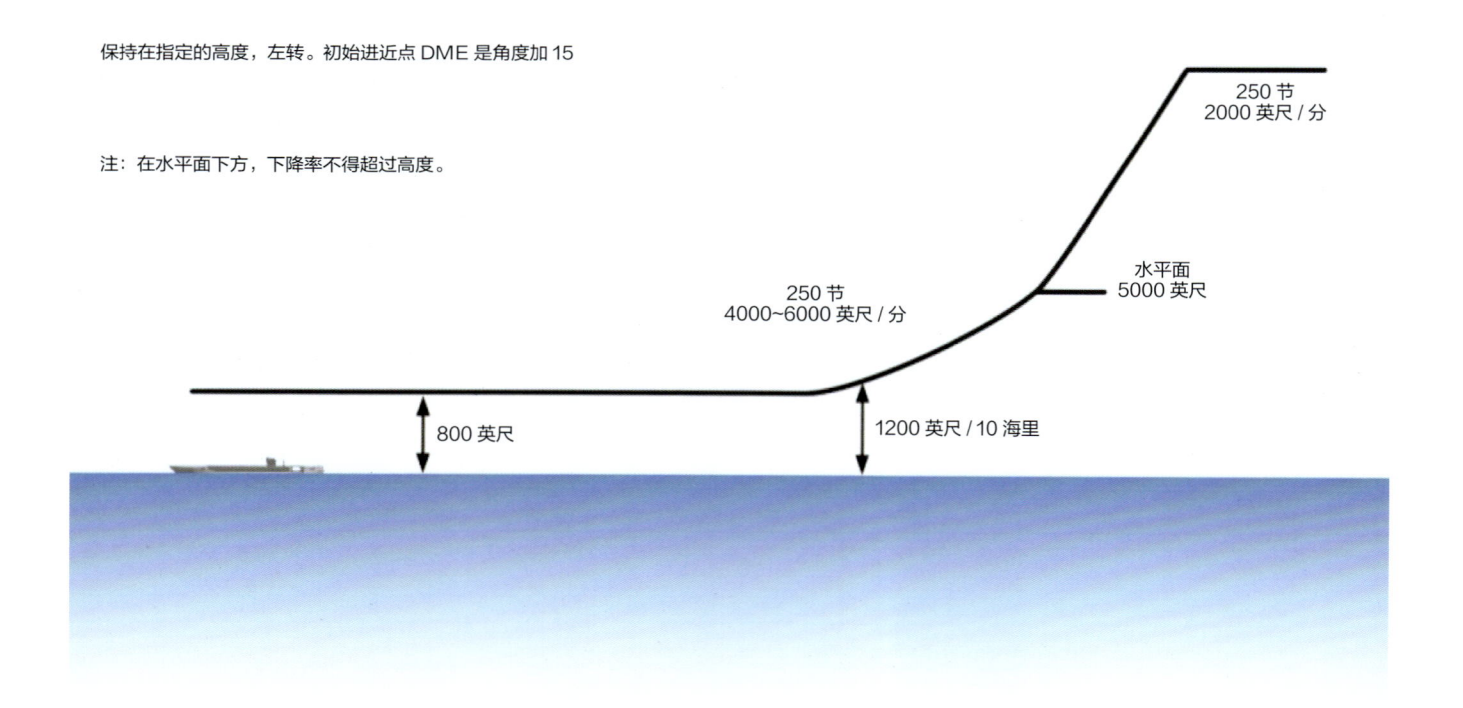

保持在指定的高度，左转。初始进近点 DME 是角度加 15

注：在水平面下方，下降率不得超过高度。

250 节
2000 英尺 / 分

水平面
5000 英尺

250 节
4000~6000 英尺 / 分

800 英尺

1200 英尺 / 10 海里

右图 一种情况 2 或情况 3 排列的等待航线示意图，每架舰载机保持一个固定高度，垂直间隔 1000 英尺。

高度（用角度表示）+15= 等待点距离

8000 英尺
23 海里

7000 英尺
22 海里

6000 英尺
21 海里

再次检查，确定一切无误。此时还没有进入着舰区，随着慢慢进入着舰区，只要你操作正确，一直保持合适的速度矢量，那么在显示器上，"球"就一直在十字线居中靠上的位置，而"针"则一直在十字线中心位置。

自从记下"411，'大黄蜂球'，5.5"以后，你已经检查了燃油状态并在最后几秒钟内减掉了几百磅燃油。于是，你告诉进近管制员你的机号、舰载机类型、燃油状况（以千磅为单位）。后续所有操作都将以这些数据为基础，比如什么时候加油，什么时候什么地方到回航安全油量，什么时候设置拦阻装置。因此，你在无线电里听起来会充满自信，而你也会以简单的短语"罗杰球，15 节轴向"作为回应。如

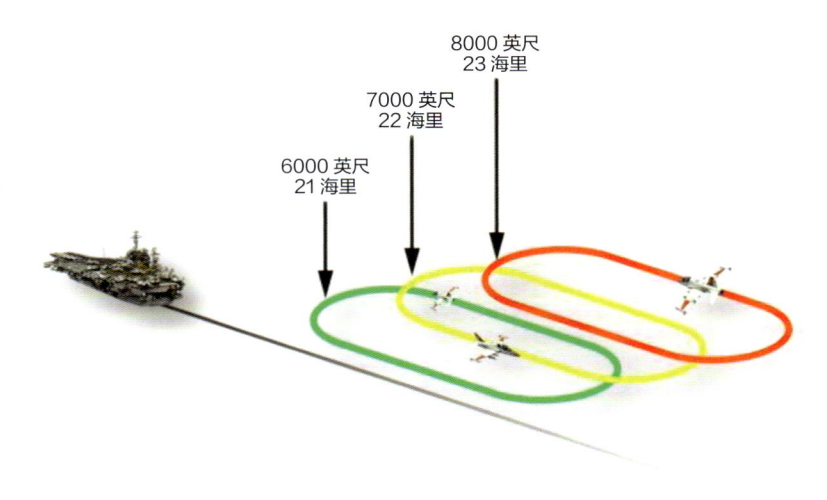

下图 在这幅图中，夜间作业的有限能见度非常明显，一架 F/A-18F "超级大黄蜂"刚刚从大西洋某处的美国海军"斯坦尼斯"号航母（CVN-74）上起飞。

123
第四章 飞行作业

上图 一名航空军械员在为 F/A-18E "超级大黄蜂"折叠机翼,这样就减少了舰载机在"林肯"号航母(CVN-72)飞行甲板上所占的空间。

右图 一架 X-47B 无人机掠过"布什"号航母(CVN-77)的舰艏。"布什"号是第一艘成功在飞行甲板上弹射无人机的航母。

果你在做一些自己没有意识到的事,那么进近管制员将会专门呼叫来提醒你。在航母告诉你呼叫"球"之后的 45 秒内,不再有人和你进行无线电通话;直到你被"钩住"(即在航母上成功着舰)之后,才会有其他人通过无线电和你讲话。

(https://www.quora.com/What-is-it-like-to-landon-an-aircraft-carrier/answers/5075475)

在所有的系统和程序的完美配合下,飞行员即使在最黑暗的夜晚,也能够驾驶舰载机准确地降落到飞行甲板上,安全挂索着舰。

弹射和回收是超级航母的大餐,也是超级航母存在的最大意义。在航母上无数次的弹射和回收,不仅见证了人类的聪明才智,也见证了半个多世纪以来人们所经历的惨痛教训。在以往的飞行作业中,事故并不罕见,许多飞行员都曾目睹编队中的同伴在飞行作业中因事故而遇难。所以,尽管目前航母上的飞行作业已变得司空见惯,但绝不能认为可以高枕无忧了。

第四章 飞行作业

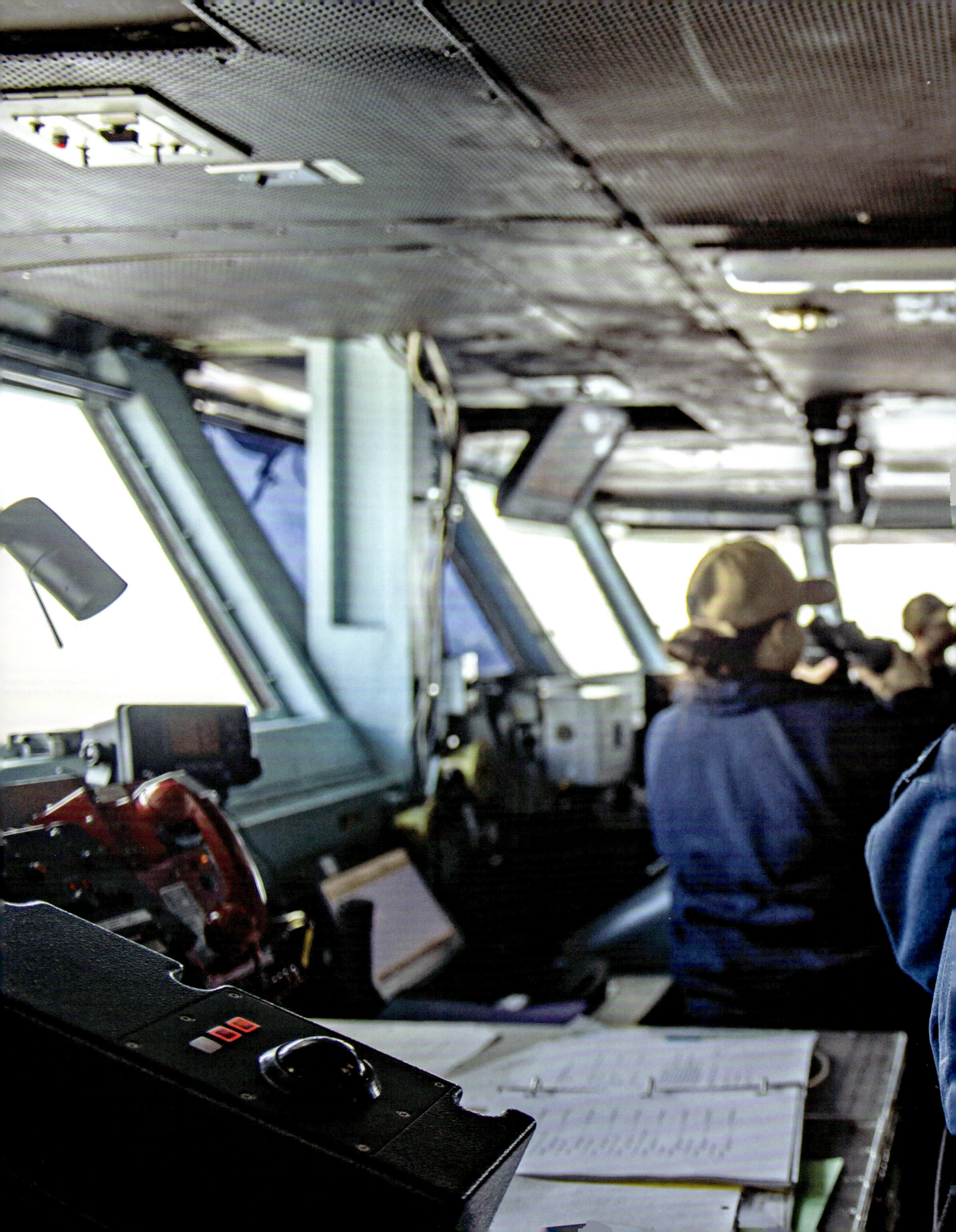

第五章

主要电子和防御系统

在战争状态下，超级航母是对手锁定的首要目标。为避免超级航母受到攻击而损伤，美国海军除了为每艘超级航母配备多艘护航舰艇，组成航母打击群（CSG）之外，还为"尼米兹"级和"福特"级航母装备了世界上最先进的电子系统和自卫武器系统。

左图 美国海军"斯坦尼斯"号航母（CVN-74）的舰桥，里面配备有 GPS 导航系统和卫星通信系统。

航母上的所有电子系统非常复杂，远不是我们在这一本书里就可以完全涵盖的——仅航母上一个部门的电子系统，甚至个别电子设备的海军操作手册就可能多达数百页。此外，海军技术的发展非常快，这意味着电子设备可能几年甚至几个月就需要进行升级。为了延缓航母上电子设备技术过时的速度，美国海军决定更多地采用商用现货（COTS）组件，而不是军用规格（MILSPEC）或政府现货（GOTS）组件。商用现货组件的优势在于其采用开放性架构和模块化设计，能够很方便地进行技术升级。

考虑到这些，本章只对"尼米兹"级和"福特"级航母上一些最重要的电子系统进行介绍。具体来说，我们将主要聚焦于导航、雷达、电子战（EW）和防御组件。有关这些电子系统的资料和数据，都来源于公开资料。在此基础上，我们还将介绍航母作战指挥中心（CDC）或作战情报中心（CIC）的功能。

除了电子系统，本章还将对超级航母装备的自卫武器系统进行介绍。我们将会看到，即使没有舰载机联队，现代超级航母本身也是一个强大的武器平台。

下图 舰岛（"艾森豪威尔"号航母）是航母许多天线和传感器的主要安装平台。

导航设备和对海搜索雷达

超级航母上使用的导航系统与美国海军其他水面舰艇的导航系统基本相同。超级航母的一大优势是有足够的空间，能够容纳更多的导航系统。

在笔者参观"艾森豪威尔"号航母时，航海长拿出了一个木制的储物箱并将其打开，向笔者展示里面所装的六分仪。航海长说，不管航母装备了多少先进的导航系统，根据时间、星星和太阳进行导航的传统技能都绝不能丢，而且还要不断强化。

2016年有很多媒体报道，美国海军决定再度出资培训舰员利用天文进行导航的技能。之所以这样做，主要是因为在未来的高科技战争中，对手首先要做的事情很可能就是打掉美国的GPS卫星导航系统；还有一个原因，就像我们在汽车上使用的GPS一样，电子系统也会出错。因此，熟练掌握传统导航技能十分必要。

航母上的非电气和非电子导航设备数量之多令人惊讶。从种类上讲，航母上的非电气和非电子导航设备包括：

- 磁罗盘（固定和便携式）。
- 计时器和天文钟（用于指示准确的航行时间）。
- 辅助导航仪器，包括六分仪、视距仪、分度器、双筒望远镜、照准仪、方位和方位角圆、手持和安装的望远镜、测斜仪。
- 船舶音响信号装置（钟、锣、哨子），用于在低能见度情况下传达航行指令。
- 纸质海图——现代海图的制作精确度极高。在陌生海域，利用海图是最保险的定位方式。

除了这些传统的导航设备，现代超级航母还设置了先进的导航技术。在电子导航系统、无线电类别中，所有航母使用的都是GPS，逐步替代了对陆地上的欧米伽（OMEGA）、劳兰（LORAN）系统和天基海军导航卫星（TRANSIT）的需求。直到最近，美国超级航母上使用的主要GPS传感器一直是WRN-6卫星信号导航装置和SRN-9、SRN-19海军导航卫星系统（NAVSAT）。在笔者撰写本书时，美国海军已经开始将导航传感器系统接口套件和独立的军用GPS接收器（如WRN-6）替换为雷神公司研发的基于GPS的定位导航和授时服务（GPNTS）。该系统的优点如下：

> 采用最新的可用性选择/反电子战欺骗政策的军用GPS接收机；新型抗干扰天线，以及冗余铷原子钟，用于同步时间和频率。GPNTS也是美海军用于水面舰艇的主要M码接收机，能够接收和使用新的军用M码信号。支持M码的GPNTS已在2020年投入使用。（https://www.doncio.navy.mil/chips/ArticleDetails.aspx?ID=4618）

美国超级航母上还有一个重要的导航工具，那就是惯性导航系统（INS）。惯性导航系统不是通过外部信息的输入，而是通过计算机、运动传感器（加速度计）和旋转传感器（陀螺仪）来生成位置、方位和速度信息，这些信息基本上可以用于非常先进的航迹推算。

超级航母上共有3个关键的惯性导航系统设备，分别是AN/WSN-7惯性导航系统、AN/WSN-7A环形激光陀螺导航系统和AN/WSN-7B环形激光陀螺仪。以AN/WSN-7为例，它以地球自转理论为基础，能不断地计算和显示舰艇的位置、姿态、航向和速度，并且它还具有不易被敌方的电子战设备发现或干扰的优点。

除了GPS和惯性导航系统外，"尼米兹"级航母还利用对海搜索雷达来提供额外的导航信息，并扫描海上其他船只的位置和潜在威胁。使用的主要商用雷达有SPS-59（LN-66）、"舰桥主人"E（BME）和"古野"904。另一种关键的对海搜索雷达是诺斯罗普·格鲁曼公司诺登系统分部研发的SPS-67（V）。它工作在G波段，可以提供导航、定位和一般对海搜索功能，AN/SPS-67（V）3和（V）5型还可以提供快速反应自动检测目标能力。雷神

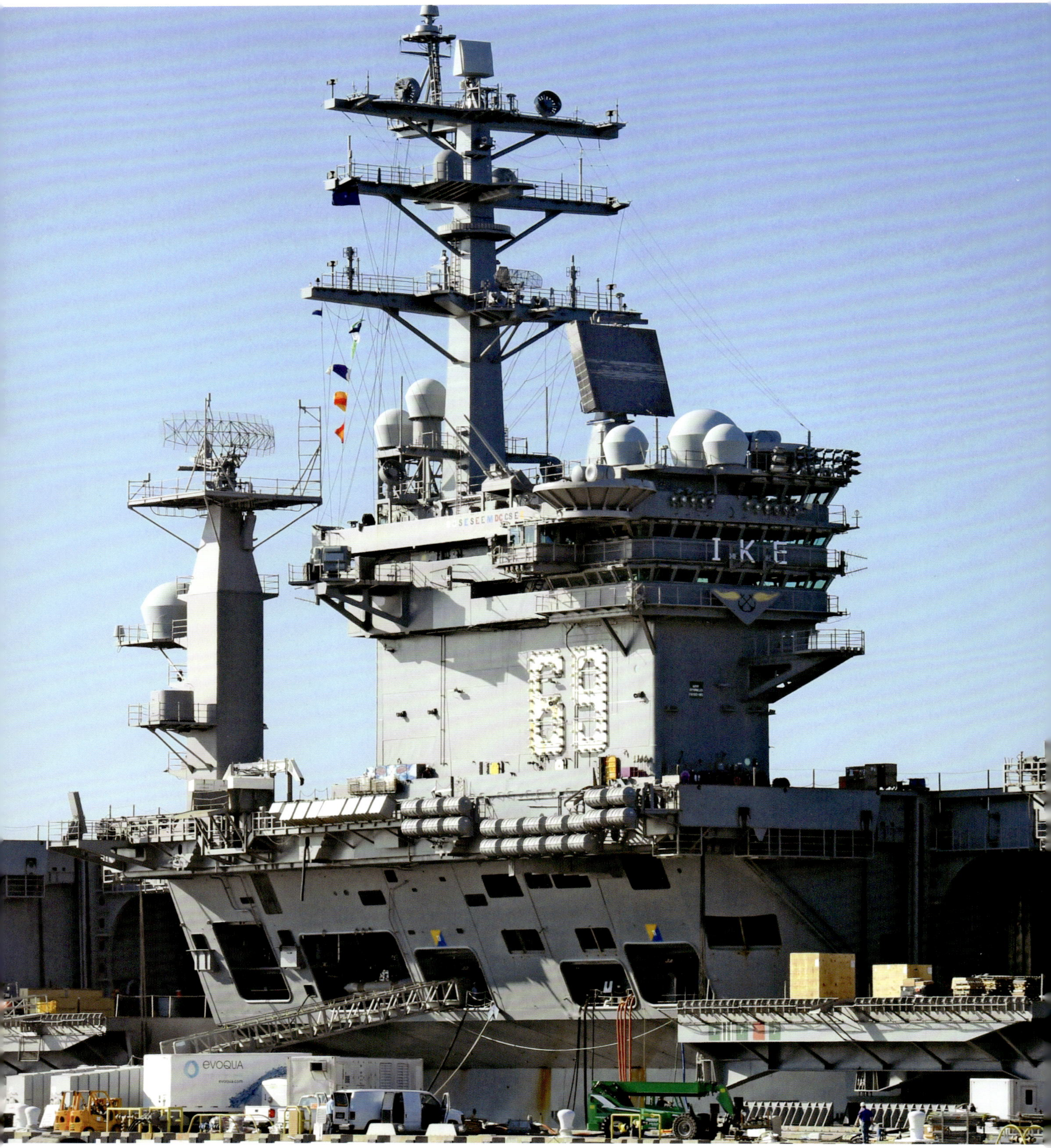
IKE
69
EVOQUA

上页图 2019 年 9 月，在诺福克海军基地的美国海军"艾森豪威尔"号航母（CVN-69），其舰岛上的大平板是 AN/SPS-48 电子稳定频扫三坐标对空搜索雷达的天线阵面。

公司研制的 X 波段 AN/SPS-73（V）12 近程两坐标雷达系统，现在也已安装在多艘"尼米兹"级航母上，并开始执行与 SPS-67（V）雷达类似的对海搜索/导航/目标探测功能。

对空搜索雷达

对空搜索雷达系统是超级航母防御能力的重要组成部分，它可以保护航母免受远距离的空中威胁，同时还可以有效引导舰载机，或利用舰载火力来应对空中威胁。纵观"尼米兹"级航母，主要的对空搜索雷达系统包括国际电话和电报公司（ITT）生产的 SPS-48E 和 SPS-48G 三坐标雷达（工作在 E/F 波段），C/D 波段的雷神公司 SPS-49（V）5，D 波段的雷神公司 MK-23 目标捕获系统（TAS）。

50 多年来，SPS-48 型雷达一直是超级航母对空搜索的基石。AN/SPS-48E/G 型雷达能够探测和跟踪 370 千米距离和 69° 仰角的目标，并提供目标范围、方位和高度信息。但在 2019 年 8 月，有消息称，SPS-48 型雷达可能会被淘汰，取而代之的是雷神公司研制的新型 SPY-6（V）2——这是一种三坐标有源相控阵防空和导弹防御雷达，总共有 37 个独立的雷达模块（RMA），之前被用作防空导弹防御雷达（AMDR）系统，计划安装在"阿利·伯克"级Ⅲ型驱逐舰上。防空导弹防御雷达系统的结构模块化（可以添加或删除模块）意味着可以根据需要对其规格进行放大或缩小。S 波段、X 波段传感器与雷达组件控制器（RSC）相结合，可提供灵敏度高、用途广泛的功能，包括地平线搜索、精确跟踪、导弹通信、目标末端照射、潜望镜探测甚至电子战攻击。

上图 美国海军努力确保传统的海上技能得以延续。2019 年 11 月，在大西洋，美国海军"斯坦尼斯"号（CVN-74）的气象甲板上，三级军需官雅文·罗杰斯（Javen Rogers）使用六分仪进行天文读数。

下图 "艾森豪威尔"号航母司令舰桥的万向罗盘。

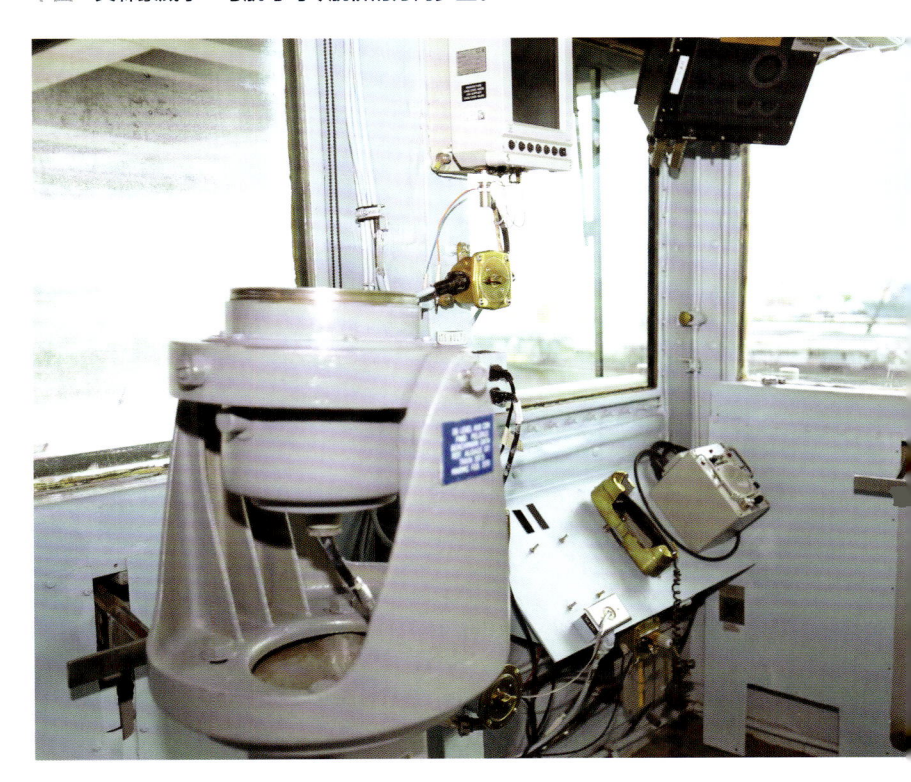

右图 "罗斯福" 号航母（CVN-71）的舰桥顶部近乎正方形的 AN/SPS-48E 三坐标对空搜索雷达天线特写，其左侧是用于"海麻雀"导弹的 MK-95 照射雷达

"福特"级航母更是将对空搜索雷达带到了新的方向。"福特"级航母上装有雷神公司的双波段雷达（DBR）。该雷达将 X 波段 AN/SPY-3 多功能雷达与 S 波段体积搜索雷达（VSR）发射机组合在一起，并排列成 3 组相控阵雷达系统。3 个 X 波段天线阵面专注于低空跟踪和雷达照射，而 3 个 S 波段天线阵面则执行全天候目标搜索和跟踪任务。这些天线阵面都安装在舰岛上，是非移动（即非旋转、固定安装）的雷达系统，具有维护成本低的优点。

双波段雷达为高度复杂的作战空域提供快速、广谱响应。但有趣的是，"福特"级的二号舰"肯尼迪"号却不再采用双波段雷达，而是采用空中监视雷达（EASR，也就是 SPY-6）。在该系统中，每个空中监视雷达阵面由 9 个雷达模块组成，以模块化的方式排列，它们可以同时提供多种能力，包括防空和反舰作战、空中交通管制和一些电子战。

通信系统

除了众多的标准 VHF/UHF 无线电通信，超级航母依靠安全卫星通信（SATCOM）和舰队广播系统在航母打击群和全世界之间传输和接收信息，将航母与战区、地区和本土司令部连接起来。有几个广泛的架构支持海军卫星通信，主要网络由国防卫星通信系统（DSCS，20 世纪 80 年代初到 2003 年之间共发射了 14 颗 DSCS-III 卫星）、全球广播服务（GBS）网络和已经老化的军事战略战术中继卫星（MILSTAR）组成。这些系统一起提供高带宽安全数据传输。"尼米兹"级航母上装备的用于访问这些卫星网络的天线包括 WSC-3（特高频/UHF）、WSC-6（超高频/SHF）和 USC-38（极高频/EHF）。

超级航母使用的另一个重要的卫星通信系统是"挑战雅典娜"（WSC-8）。该系统旨在以各种形式传输高带宽数据，包括电话、视频会议、电子邮件、无线电、情报数据和国家商业电视。最新的高速版本是"挑战雅典娜"3。

卫星通信能力不会停滞不前。目前，有 2 套新的卫星通信系统已被送入轨道，它们都将与运营商的通信系统集成。其中一个是先进的甚高频（AEHF）系统，它是一个由 6 颗卫星组成的地球静止轨道卫星网络（6 颗星从 2011 年 10 月到 2020 年 3 月发射完毕——译者注），用于取代军事战略战术中继卫星，其上行链路

44GHz（EHF 波段）、下行链路 20GHz（SHF 波段）。它拥有高达 8.192Mbit/ 秒的数据传输速率，并且高度安全，不受拦截和干扰。另一个新网络是宽带全球卫星通信系统（WGS），由美国国防部和澳大利亚国防部合作开发。根据宣传报告，该系统的数据传输能力令人生畏，宽带全球卫星通信系统中一颗卫星提供的带宽就相当于整个现有的国防卫星通信系统能提供的带宽。该系统卫星的首次发射是在 2007 年，最后一次发射计划在 2023 年（该系统原计划发射 10 颗卫星，在 2023 年前组网完毕。2018 年美国国会增购 2 颗。目前已完成前 10 颗卫星的发射工作——译者注）。

基于数据传输带宽的不断升级，"福特"级航母将拥有"尼米兹"级航母首舰"尼米兹"

左图 "艾森豪威尔"号航母（CVN-69）上的一部内部通信电话，位于"靶心"标记旁。

下图 "艾森豪威尔"号航母（CVN-69）航空舰桥前上方的大型天线罩内装有卫星通信系统，其后是 SPS-48E 雷达天线。

上图"里根"号航母（CVN-76）上的AN/SPN-46（V）1精密进近着舰系统（PALS）。

号的舰员们梦寐以求的通信能力。"福特"级航母的一个显著特点是安装了多功能通信和娱乐系统，以及美国海军舰队第一个互联网协议（IP）视频系统。强大的卫星通信和内部光纤网络的结合，意味着即使在遥远的海上，"福特"级航母的舰员们也能够以高分辨率视频直播。

防空系统

尽管美国的超级航母威力无比，但世上没有战无不胜的战舰。近年来，一些防务分析人士声称，新一代反舰导弹、弹道导弹和鱼雷等的速度、隐身能力、规避能力和威力都超过了前几代武器，即便是"尼米兹"级和"福特"级航母，受到的威胁也日益加剧。

因此，我们现在把注意力转向超级航母的防御系统。虽然我们可以依次评估每一种单独的武器，但我们注意到，美国海军一直试图将整个航母防御套件纳入一体化作战系统。整合的第一次尝试是海军战术数据系统（NTDS），这是一种早期海军计算机系统，可以从舰船周围的各种传感器收集数据，并处理成一幅战场画面。

海军战术数据系统最终在20世纪90年代后期被先进战斗防御系统（ACDS）取代，目前装在"尼米兹"级航母上的版本包括Block 0或对软件进行改进的Block 1。先进战斗防御系统虽然是一种功能强大的自动化指挥控制系统，但其最终也将被更先进的舰载防御系统（SSDS）所取代（第一艘换装舰载防御系统的航母是"艾森豪威尔"号），而且舰载防御系统也将成为"福特"级航母的标准配置。舰载防御系统能够同时从许多不同的传感器，包括AN/SPS-49对空搜索雷达、AN/SPS-48E对空搜索雷达、DBR（SPY-3和SPY-4）、AN/SPQ-9B地平线搜索雷达、AN/SPS-67对海搜索雷达、AN/SLQ-32电子战系统、集中式敌我识别（CIFF）系统等（这取决于各艘航母的具体配置）获取信息，然后利用其强大的软件算法，将火力控制过程完全自动化（尽管仍有人工干预），从而实现快速响应和对多种威胁的连贯响应。

2019年6月发表在"今日海军"网站（Navaltoday.com）上的一篇文章详细描述了在实践中舰载防御系统是如何运作的，文章描述的是"福特"号航母在加利福尼亚州海岸进行的一次测试。这次测试模拟了航母同时受到2枚巡航导弹的攻击：

该系统集成了双波段雷达（DBR），用于搜索、定位和跟踪目标。双波段雷达随后为改进型"海麻雀"导弹（ESSM）提供上行链路和雷达照射来进行导弹制导。雷神公司的协同作战系统（CEC）验证并处理舰载防御系统双波段雷达数据，然后舰载防御系统处理协同作战系统数据，对目标进行分类，确定适当的交战范围，向拦截导弹发送发射命令，并为交战计划安排双波段雷达支持。改进型"海麻雀"导弹使用真实的和模拟的拦截器交战，击落了2个目标。

（Navaltoday.com, 2019）

如此强大的防御技术，加上航母打击群中其他护航舰艇提供的区域防空能力，意味着未来超级航母的生存能力依然很高。

作战指挥中心 / 作战情报中心

除了航母甲板上安装的 12.7 毫米机枪（用于对付小型船只的近距离防御）等基本武器，航母的所有防御装备和系统都由航母的作战指挥中心（CDC）处理。作战指挥中心之前被称为作战情报中心（CIC）。

作战指挥中心承担着广泛的责任，但总而言之，它是用来保护航母免受所有水面、空中、水下和电子战威胁。由于快速来袭的反舰导弹的飞行速度远远超过传统的指挥系统处理速度，因此，作战指挥中心在战术行动军官（TAO）的指导下，有权随时进行武器发射。在航母上，作战指挥中心是一个拥挤的空间，内部有多个计算机工作站，每个工作站都有人员操作，负责航母各个方面的防御。作战指挥中心的人员包括（请注意，具体头衔会根据航母的不同而有所变化）：

- **作战指挥中心瞭望官**——监视整个水面和水下的威胁情况。
- **防空作战协调员（ADWC）**——监视空中威胁，并负责所有防空武器系统。
- **打击人员**——这些人员监视 Mode 2 和 Mode 4 型敌我识别系统（IFF），根据飞机是友军还是潜在/实际威胁来进行分类。
- **战术数据协调员**——确保友军舰船与飞机之间有安全有效的数据链接。
- **传感器操作员**——负责操作各种防御性传感器，最大限度地获取目标信息。
- **ID 操作员**——分析目标信息并提供目标信息数据。

上图 美国海军水兵在"布什"号航母（CVN-77）上维护SLQ-32(V)4 舰载电子战天线。

左图 2011 年，一名一等水兵作战专家在"企业"号航母（CVN-65）上的战情室内操作高级战斗指挥系统控制台。

135

第五章 主要电子和防御系统

- **武器操作员**——负责舰上的鱼雷、导弹和近程防御武器系统（CIWS）。
- **电子战（EW）模块操作员**——监视电子战威胁并跟踪发射器。
- **区域拦截协调员（AIC）**——派遣舰载机拦截远程威胁，并在任何交战期间保持通信联络。

作战指挥中心是如何对威胁进行分类和应对的呢？我们可以将航母想象成一系列向外辐射的同心圆的圆心，每个圆代表一个作战半径。最外围的区域是航母搭载的舰载机联队所在区域，它可以将作战空中巡逻（CAP）或拦截定在距航母 300~330 千米处。向内移动，下一个防御层将由航母打击群的护航舰艇负责，这些护航舰艇都装备有强大的防御武器系统。根据任务和潜在威胁的不同，航母和航母打击群护航舰艇之间的实际距离会有所不同。但一般来说，护航舰艇要么在航母的可视范围内，要么刚好在地平线上。对于来袭的空中威胁，再下一个防御圈将被"海麻雀"导弹覆盖，然后是"拉姆"导弹系统，最后的近迫防御是由近防武器系统和 MK-38 型 25 毫米机关炮（MGS）负责。任何比这更近的威胁（如小艇），通常由航母上的海军陆战队员或海军人员在舷侧用机枪和其他轻武器来对付。

这个航母对空防御图并不完美，会发生许多重叠和逆转的情况，但它对我们直观理解很有帮助。我们接下来将重新审视航母打击群舰艇内部的防御圈，看看每艘舰上专门的武器系统。

航母打击群（CSG）

航母打击群的组成是可变的，核心自然是航母本身，其上搭载的舰载机联队拥有 75~90 架舰载机。航母打击群通常配备 1 或 2 艘"提康德罗加"级"宙斯盾"导弹巡洋舰。该型舰装备有 MK-41 垂直发射系统（VLS），能够发射"战斧"巡航导弹（针对远程陆上目标）或 RIM-66"标准"2 中程舰空导弹。此外，每艘"提康德罗加"级巡洋舰还装备有 RUR-5"阿斯洛克"（ASROC）反潜导弹和 RGM-84"鱼叉"超视距反舰导弹。

靠近航母的是 2~3 艘"阿利·伯克"级导弹驱逐舰，它们是专门为防空和反潜作战而设计的。"阿利·伯克"级驱逐舰不仅装备了 127 毫米舰炮和 CIWS 系统，同时还有与"提康德罗加"级巡洋舰相同的 MK-41 垂直发射系统，

下图 三级作战专家卡洛斯·加利西亚（Carlos Galicia）在"罗斯福"号航母（CVN-71）上监视作战指挥中心（CDC）雷达范围内的空中接触信息。

而且发射的导弹种类更多，其中包括 RIM-161"标准"3反导导弹、RIM-174"标准"6远程舰空导弹（也称增程型主动式导弹，英文缩写 ERAM）、RIM-162 改进型"海麻雀"导弹。此外，"阿利·伯克"级驱逐舰在必要时也可装备"鱼叉"反舰导弹发射架。

在航母打击群内还可能有 1 或 2 艘攻击核潜艇，其上不仅配备重型鱼雷，还配备"战斧"巡航导弹。此外，航母打击群还包括 1 艘大型补给舰（通常是"供应"级快速战斗支援舰），提供伴随补给。

"海麻雀"导弹

自 20 世纪 70 年代服役以来，RIM-7"海麻雀"就一直在美国航母上服役，并且多次进行了现代化升级。最初的北约"海麻雀"导弹系统（NSSMS）本质上是半主动雷达制导的 AIM-7H 空空导弹（AAM）的舰载版本。该导弹最初是作为"尼米兹"级航母的基本点防御导弹系统（BPDMS），采用八联装 MK-25 发射装置来发射 RIM-7E-5 型"海麻雀"导弹，并由一个手动控制的 MK-115 照射装置提供引导。

早期的"海麻雀"导弹有明显的局限性。它的理论射程是 10 海里，但由于它是以静止状态发射，而不是从飞机上以一定速度和高度发射，因此通常达不到这个射程。数十年来，美国海军持续改进"海麻雀"导弹及其制导和发射系统。20 世纪 80 年代，MK-115 照射装置被具有自动化功能的 X 波段 MK-95 连续波照射雷达取代，且 MK-95 还被纳入 MK-91 制导导弹火控系统（GMFCS），从而使导弹集成到舰载防御系统中。而通过引入 MK-23 目标捕获系统（TAS，实际上是 MK-9 型制导导弹火控系统的一部分），导弹整体技战术性能大幅增强。MK-23 系统是非常先进的探测、跟踪、识别、威胁评估和武器分配系统，很适合应对从超低空或高空进入的小型、高速空中目标。MK-23 的探测距离为 20 海里，可同时跟踪 54 个目标。

上图"林肯"号航母（CVN-72）的一名航空军械员在为机载火箭弹吊舱装填 2.75 英寸火箭弹。

之后的"海麻雀"导弹发展型号是 RIM-7M，主要改进之处在于将最低拦截高度降到 49 英尺甚至更低，而之前的 RIM-7E 最低拦截高度约为 98 英尺。这种改进再加上采用新型近炸引信，使"海麻雀"具有更强的反"飞鱼"这类掠海反舰导弹的能力。在 1982 年的英阿马岛战争期间，"飞鱼"导弹对英国皇家海军舰艇造成了可怕的毁伤效果。RIM-7M 导弹的发射系统变成了改进型基本点防御导弹系统（IBPDMS），采用八联装 MK-29 发射装置发射。在 20 世纪 80 年代，改进型基本点防御导弹系统被安装在"尼米兹"级航母上。

到了 20 世纪 90 年代，"海麻雀"导弹改进为 RIM-7P 型。与此同时，导弹的制导系统也发生了很大变化，可以将导弹发射到高于来袭威胁的高空，以获得更大的射程，然后在目标接近时直接命中目标，而且传感器的反馈变得更强。这种制导系统的变化还带来了新的战术上的优势，即 RIM-7P 导弹具备了反舰能力，必要时可用来打击小型舰艇。

进入 21 世纪，RIM-7P 导弹仍在继续使用。此外，"尼米兹"级航母从 2001 年开始，陆续用诺斯罗普·格鲁曼公司研制的 SPQ-9B 水面监视和跟踪雷达取代了 MK-23 型目标捕获系统。这款高分辨率、可同时扫描的 X 波段脉冲多普勒雷达可探测、跟踪和瞄准亚声速和超声速掠海反舰导弹，三波束天线可以对目标进行

右图 2007年8月，在太平洋的一次作战演习中，一枚 RIM-7P 北约"海麻雀"近程舰空导弹正从"林肯"号航母（CVN-72）发射出去。

非常好的锁定。

"海麻雀"家族还在不断丰富，最新的型号是 RIM-162 改进型"海麻雀"导弹（ESSM）。RIM-162 直接面对最新一代超声速反舰导弹的威胁，是"海麻雀"导弹家族的一次重大技术升级。RIM-162 的改进包括：

- 采用与"标准"系列舰空导弹相似的气动外形，从而具有"侧滑转弯（Skid-to-turn）"能力，机动性得到显著改善。
- 采用推力更强大的 MK-143 Mod 0 固体燃料火箭发动机，最大速度超过 4 马赫，射程超过 27 海里。
- 具备更复杂的拦截能力，能够利用最新的制

右图 水手们正在将一枚 AIM-7"麻雀"空空导弹挂载到 F/A-18E"超级大黄蜂"战斗机上。该机隶属于美国海军"林肯"号航母（CVN-72）搭载的第25战斗攻击机中队（VFA-25，绰号"舰队之拳"）。

导系统（如舰载 AN/SPY-1 无源相控阵雷达或 APAR 有源相控阵雷达）。Block 1 导弹使用末端半主动雷达制导，而 Block 2 导弹则使用主动雷达制导（增加了一个主动雷达导引头，使导弹能够自主探测并跟踪目标）。

在美国海军超级航母上装备的 ESSM 制式编号为 RIM-162D，由八联装 MK-29 发射装置发射，这与美国海军其他水面舰艇使用 MK-41、MK-48 或 MK-56 垂直发射系统发射 RIM-162 形成了鲜明对比。

RIM-116 "滚动弹体导弹"

"尼米兹"级和"福特"级航母都装备了 RIM-162，以应对中近程空中威胁。而当威胁越来越近时，也就是在 5 海里范围内，另一种导弹系统，即 RIM-116"滚动弹体导弹"（RAM，音译为"拉姆"）将承担拦截任务。

RIM-116 本质上是一种点防御武器，旨在对抗突破航母外层和中层防御圈的反舰导弹或飞机。RIM-116 发射之后会在飞行中旋转，这与陀螺仪通过旋转保持稳定的方式非常相似，

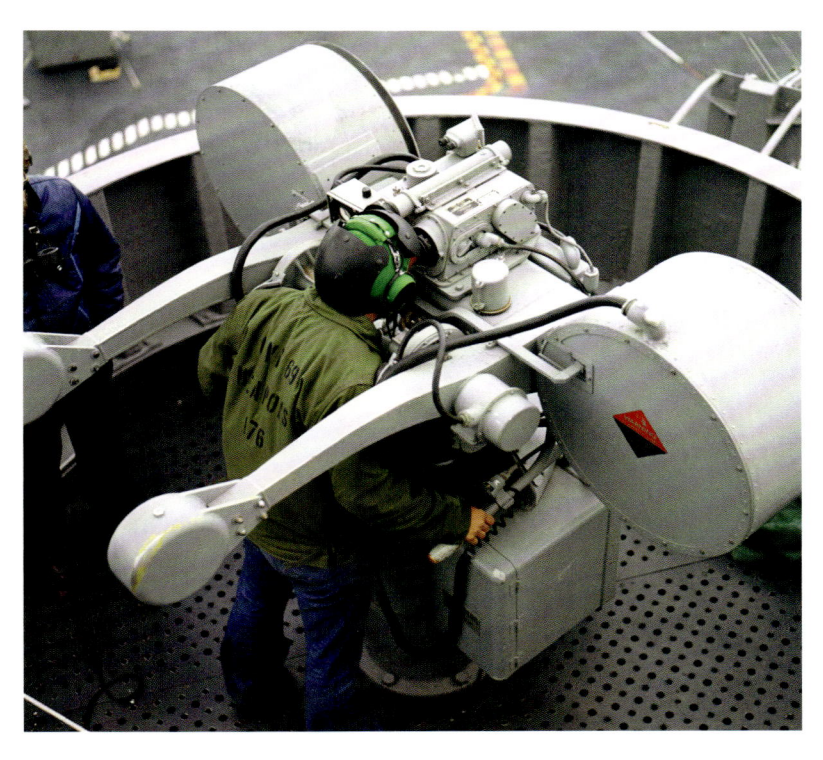

上图 在"艾森豪威尔"号航母（CVN-69）进行的 RIM-7 导弹发射演练中，一名武器操作员正在操作 MK-115"海麻雀"导弹的火控系统。

下图 "卡尔·文森"号航母（CVN-70）正在发射 RIM-162 改进型"海麻雀"导弹（ESSM），该导弹最大速度超过 4 马赫。

右图 "杜鲁门"号航母（CVN-75）上的水手们正在装填"拉姆"导弹。

下图 在2019年9月进行的一次"有目的实弹射击"（LFWAP）演练中，"艾森豪威尔"号航母（CVN-69）上一座MK-31发射架正在发射一枚"拉姆"近程舰空导弹。

就像步枪子弹从枪管中飞出一样通过旋转保持稳定。

RIM-116最初的Block 0型导弹采用AIM-9"响尾蛇"空空导弹的火箭发动机、引信、战斗部与FIM-92"毒刺"导弹的红外导引头,并增加了被动雷达射频导引头。发射后,导弹首先跟踪敌方空中目标的电磁辐射,然后切换到红外制导模式。

之后改进的Block 1型导弹仅采用红外制导(如果来袭导弹没有弹载雷达导引头,则红外制导十分有用);最新的Block 2型导弹进一步升级,通过一个四轴独立控制作动系统提高了机动性,并增强了火箭发动机、无源射频导引头和红外导引头的技术性能。

RIM-116封装在MK-49导弹发射系统(GMLS)和MK-144导弹发射装置(GML)中,后者可容纳21枚RIM-116,整个系统定义为"拉姆"MK-31导弹武器系统(GMWS)。重要的一点是,RIM-116有自己的集成传感器,因此,整个导弹系统都接入舰载防御系统或AN/SWY-2舰艇防御水面导弹系统(SDSMS)。总体而言,RIM-116是航母理想的点防御武器,因为在已经进行的一些拦截测试中,其拦截成功率超过95%。

"密集阵"近程防御武器系统(CIWS)

"密集阵"近防武器系统(CIWS)是一种非常成功的防御套件,被世界上很多国家和地区的海军舰艇采用。"密集阵"属于末端防御武器系统,负责摧毁经过之前所有防空导弹系统拦截之后仍然漏网的敌方反舰导弹和飞机。除了防空,"密集阵"还能在2.2英里的有效射程范围内(取决于系统的配置)对付快速移动的水面威胁。

"密集阵"是一门由Ku波段火控雷达和自动火控系统控制的20毫米转管炮(6根加特林炮管,由电力驱动),通过极高的射速(每秒75发)发射大量钨合金穿甲弹(爆破长度为连续60或100发,即一次射击发射60或100发),可在来袭反舰导弹面前形成一道弹幕。由于火控系统精度高,因此,总会有数枚穿甲弹命中来袭反舰导弹。

左图"密集阵"Block 1B近防武器系统有自己的Ku波段火控雷达和光电火控系统。

右图"林肯"号航母（CVN-72）上的"密集阵"近防武器系统在战斗系统舰艇资格试验期间用20毫米炮弹击毁了一艘远程遥控高速机动海上目标（HSMST）。

下图"杜鲁门"号航母（CVN-75）的一名一级火控员（FC1）（后方）和同伴在给"密集阵"系统装填实弹。

"密集阵"的炮管、旋转支架、供弹系统和雷达被集成为一个独立的武器单元，从而可以很方便地安装在超级航母的甲板和舷台上。"密集阵"成功的关键在于它将"闭环"单元中的所有探测、跟踪、威胁评估和杀伤功能结合在一起，具有超快的反应能力，可以在几分之一秒内响应附近的威胁。火控雷达既可以跟踪并瞄准威胁，同时也可以监视射弹的射流路径，对射弹进行微调，直到它们击中目标。

"密集阵"自问世之后持续进行升级。第一代 Block 0 版本主要用于对抗低空反舰导弹，但几乎没有能力对付速度更快或规避能力更强的目标，也不适用濒海环境的防御作战。在 1988 年进行的升级中，Block 1 采用了新的搜索天线，目标捕获能力更强，特别是针对高空目标的捕获能力大增，同时还具有更大的弹药容量、更快的射速、更强的射击计算处理能力和改进的高程。Block 1A 借助高级语言计算机（HOLC）进一步提高了处理能力，采用新的火控算法，使系统能够更好地对抗机动目标。1999 年出现的 Block 1B 型"密集阵水面模块"（PSUM）的重大变化是增加了一个前视红外（FLIR）传感器，不但能够拦截低空、慢速或悬停的直升机，还能打击近距离的水面舰艇。此外，为了提高近防武器系统的作战效能，它还拥有一个热成像自动捕获视频跟踪器（AAVT）和稳定系统。值得一提的是，"密集阵"的 FLIR 可以与 RIM-116"拉姆"导弹交联，帮助后者进行目标捕获。Block 1B 的其他

右图 "尼米兹"号航母（CVN-68）的一座"密集阵"在进行射击，其最大射速可达4500发/秒。

MK-38型25毫米机关炮系统（MGS）

MK-38是专为对付小型水面舰艇而设计的一种风冷、半自动/全自动的单管25毫米机关炮，不仅装备在核动力航母上，而且也装备在美国海军的许多其他舰船上。它的优点之一是多功能性，可手动操作、远距离遥控和自动射击。

MK-38型25毫米机关炮配备有光电火控系统，有效射程为2500码（1码=0.9144米），可单发或连发，最大射速为每分钟180发。

左图 "尼米兹"级航母上的MK-38型25毫米机关炮用于自卫，以对抗快速攻击艇和快速近岸攻击艇。

右图"艾森豪威尔"号航母（CVN-69）舷侧的"密集阵"近防武器系统和MK-29"海麻雀"/改进型"海麻雀"导弹发射装置。

改进还包括优化炮管（OGB）套件，用78英寸长的炮管替换了Block 0/1的60英寸长炮管。新的炮管提供了一种改进的射弹散布模式，同时更厚、更耐用。Block 1B也可以发射新的增强型杀伤弹，使穿透重量增加50%。

反鱼雷系统

如第二章所述，美国超级航母的结构使其很难被反舰导弹或鱼雷击沉。但是，现代鱼雷具有极大的破坏力，可利用水的不可压缩性在舰体下方产生巨大的破坏压力。因此，尽管航母在很大程度上依靠自身携带的直升机和航母打击群的其他舰艇/直升机的反潜能力来进行水下防御，但它自己也拥有一个完整的反潜系统。

"尼米兹"级航母装备的主要鱼雷对抗系统是SLQ-25A"水精"。这是一种被动电声系统，通过拖缆/信号传输同轴电缆拖曳的声学对抗设备（ADC）来产生声信号，诱骗来袭的敌方鱼雷。之后的AN/SLQ-25B改进了光纤显示局域网（LAN）、鱼雷告警功能和拖曳阵列传感器，并且还能由MK-137发射装置（MK-36诱饵系统的一部分）发射消耗性声诱饵（LEAD），对抗鱼雷的能力显著提高。

近年来，"水精"系统还得到了反鱼雷防御系统（ATTDS）的加强，后者是更广泛的水面舰艇鱼雷防御（SSTD）系统的一部分。水面舰艇鱼雷防御系统安装在"艾森豪威尔"号、"杜鲁门"号、"布什"号、"尼米兹"号和"罗斯福"号航母上。

反鱼雷防御系统由两部分组成：鱼雷预警系统（TWS）和反鱼雷对抗系统（CAT）。美国海军2016年的一份官方文件对这两部分系统做了详细说明：

鱼雷预警系统是一个早期预警系统，负责对来袭鱼雷进行探测、定位、分类和预警，由3个主要子系统组成：

- 目标捕获单元由拖曳声呐阵列、拖缆、绞车、电源和信号处理设备组成。来自阵列和舰艇的雷达系统的数据被处理成接触轨迹和警报，然后被转发到战术控制组。美国海军打算让这种阵列既能进行被动声呐操作，也能进行主动声呐操作。
- 战术控制单元由航母上的作战指挥中心和舰桥上的重复控制台组成，这些控制台可显示接触，向舰员发出鱼雷告警，并利用目标捕获组发送的信息自动进行反鱼雷对抗系统位置的预置。操作员利用这些显示信息来管理威胁交战顺序和命令反鱼雷对抗系统发射。

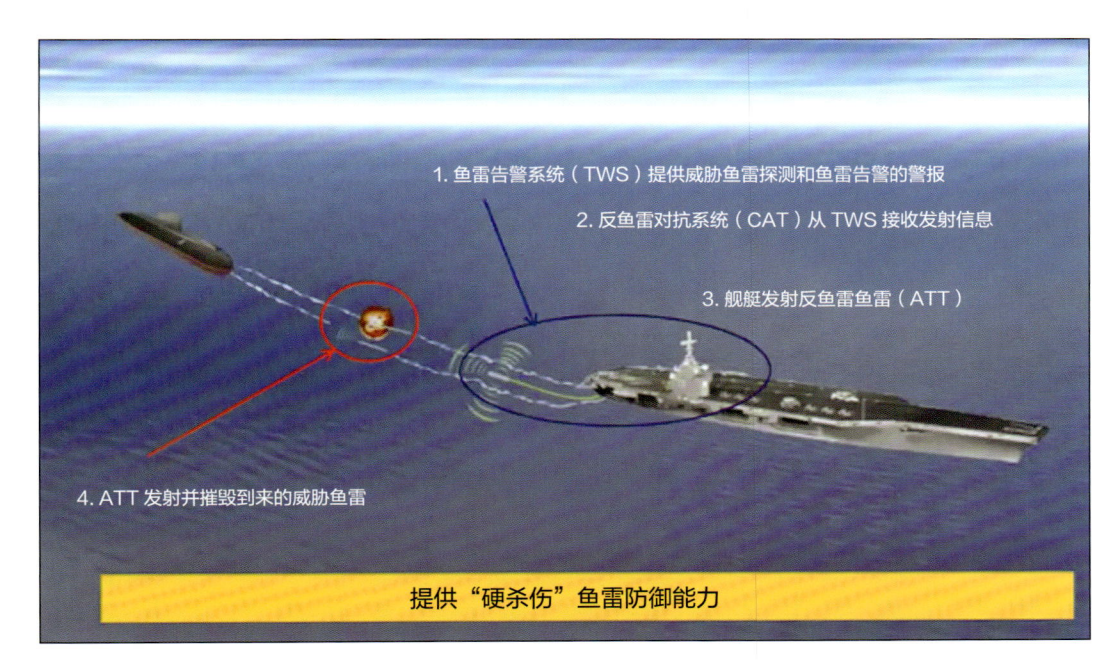

左图 核动力航母反鱼雷防御系统。该系统存在一些技术问题，因此可能会被替换（据媒体报道，美国海军已表示该系统研发失败，原本安装在3艘航母上的原型设备也会被拆除——译者注）。

1. 鱼雷告警系统（TWS）提供威胁鱼雷探测和鱼雷告警的警报
2. 反鱼雷对抗系统（CAT）从 TWS 接收发射信息
3. 舰艇发射反鱼雷鱼雷（ATT）
4. ATT 发射并摧毁到来的威胁鱼雷

提供"硬杀伤"鱼雷防御能力

- 储存单元由容纳反鱼雷对抗系统的钢支架组成。永久系统由4个钢支架和相关电子设备组成，分布在不同的位置（在核动力航母的左舷/右舷和前部/后部），每个装有6枚反鱼雷鱼雷（ATT）。

反鱼雷对抗系统是一种用于压制、消除威胁鱼雷的"硬杀伤"对抗系统，构成如下：

- 反鱼雷鱼雷是直径为6.75英尺的拦截器，旨在实现高速和机动性，对来袭鱼雷进行拦截。
- 全套圆形设备由鼻托、撞板、发射管、口盖、后膛机构和动能装置组成，用于封装和发射反鱼雷鱼雷。

左图 "艾森豪威尔"号航母（CVN-69）舷侧的发射管正在发射反鱼雷鱼雷（ATT）

145

第五章 主要电子和防御系统

- 蓄能推进系统为战术反鱼雷对抗系统提供动力。电池供电的电机型反鱼雷对抗系统仅用于测试。工程开发模型2是反鱼雷对抗系统的当前硬件版本。

（DOT & E，2018，223）

在作战应用中，首先鱼雷预警系统传感器系统探测到来袭的鱼雷，并将信息传送给反鱼雷对抗系统，然后从航母上发射鱼雷，由反鱼雷对抗系统自主操纵鱼雷去拦截鱼雷。但是在2019年，一份来自五角大楼作战测试和评估主任办公室的报告称该系统并不可靠——鱼雷预警系统给出错误的位置，而反鱼雷对抗系统的鱼雷拦截和杀伤能力也不尽如人意。因此，在撰写本书时，反鱼雷防御系统的发展前景还不明晰。实际上，航母编队未来更有可能依靠护航舰艇或直升机的反潜能力，而不是自己的鱼雷防御系统。

下图"艾森豪威尔"号航母（CVN-69）与"斯坦尼斯"号航母（CVN-74）进行军械转移时，后者的一名水手在飞行甲板上清点军械。

诱饵系统

美国的超级航母除了"海麻雀"、"拉姆"防空导弹和"密集阵"等"硬杀伤"防御武器系统，还有"软杀伤"的诱饵系统来加强防御能力。"尼米兹"级航母安装在甲板上的主要诱饵系统是英国BAe系统（BAe Systems）公司的MK-36超快速散布舷外对抗措施（SRBOC）箔条和诱饵发射系统。

MK-36由6个MK-137发射管组成，分为2排平行布置，其中4个发射管成45°角，另外2个发射管成60°角，每个发射管直径为5英寸。当航母发现来袭反舰导弹，在组织防空导弹、"密集阵"实施拦截的时候，MK-36也会参与防御，发射诱饵弹，对反舰导弹进行诱骗，从而保护航母免遭反舰导弹攻击。MK-36可发射的诱饵弹包括：

- SRBOC——用来欺骗反舰导弹雷达导引头的金属箔条。

左图 2019年9月，大西洋上的美国海军"斯坦尼斯"号航母（CVN-74）三级枪手乔治·冈萨雷斯莱兹洛佩兹在舰艉甲板用M240B型7.62毫米机枪对海射击。

- 北约"海蚋"（Sea Gnat）——与SRBOC类似，但装填的箔条更多，射程也更远。
- TORCH——产生热信号来欺骗红外制导的反舰导弹。

"尼米兹"级航母还装备有2套SLQ-32（V）4电子战系统，分别布置在左舷和右舷，它们共用1台通用计算机进行信息处理。在威胁检测方面，2套SLQ-32（V）4电子战系统既可以控制MK-36诱饵系统发射干扰弹，也可以主动进行电子干扰。

"福特"级航母装备的电子战系统目前还处于保密状态。但是，美国海军正在对"尼米兹"级航母实施水面电子战改进计划（SEWIP）。因此，"福特"级航母可能也是采用与该计划相同的电子战系统。2017年，美国海军一份公开文件介绍了水面电子战改进计划的技术细节：

水面电子战改进计划Block 1为现役和新型舰载作战系统提供增强的电子战能力，以改进反舰导弹防御、反目标瞄准和反监视能力。它是通过引入电子监视增强技术（ESE）、改进型显控台（ICAD），以及对特定发射器ID（SEI）和用于特殊信号拦截的高增益/高灵敏度（HGHS）辅助接收机进行整合，技术性能大幅提高。特定发射器ID和高增益/高灵敏度功能可提高战场态势感知能力……

水面电子战改进计划Block 2主要是通过升级电子支援（ES）天线、电子支援接收机和AN/SLQ-32的开放式作战系统接口来提高AN/SLQ-32的探测能力（尤其是精度）和电子支援能力。2016年9月，水面电子战改进计划Block 2开始进入全速率生产。

水面电子战改进计划Block 3主要是为了提高AN/SLQ-32（V）系统所需的电子攻击（EA）能力，以应对不断出现的新型威胁。原先装有AN/SLQ-32主动型版本的水面舰艇经过这种技术升级，将具有很强的电子攻击能力……

水面电子战改进计划Block 4是计划中的未来技术升级，将为AN/SLQ-32（V）电子战系统提供先进的光电和红外对抗能力。

（US Navy，2017，np）

从美国海军对水面电子战改进计划持续进行的多阶段技术升级可以看出，在"混合战争"时代，数据、信息和传感器已经成为有力的武器，超级航母的电子战能力将因此得到显著提升。鉴于新的威胁不断出现，美国海军还将继续升级电子战系统，以便持续为超级航母提供可靠的电子战能力。

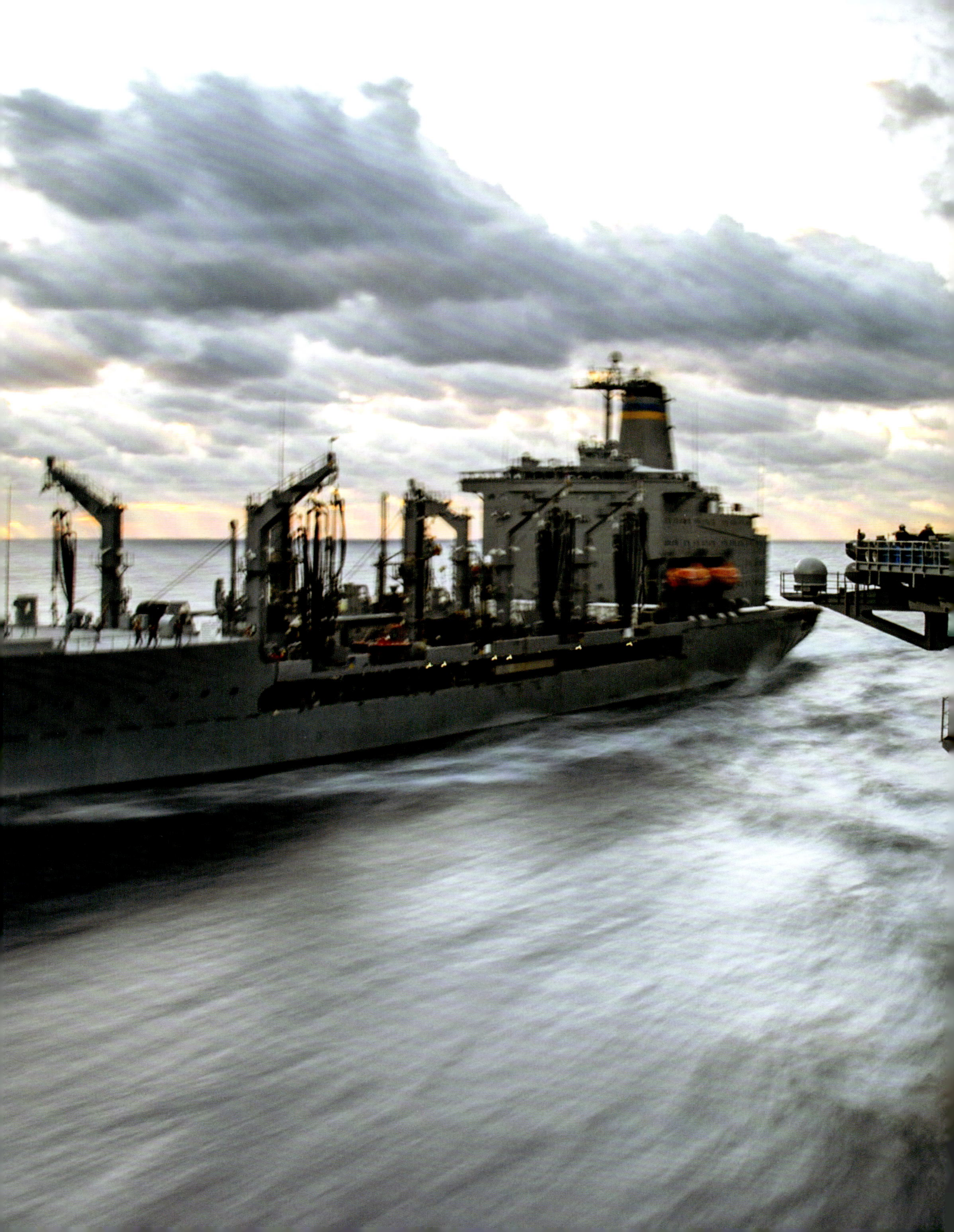

第六章

后勤

美国超级航母的作战能力在很大程度上取决于其后勤保障能力。只有对舰载物资和补给作业进行有效管理，才能充分发挥核动力为航母带来的续航力的超级优势。

左图 在2013年10月进行的一次补给中，"罗斯福"号航母（CVN-71）与军事海运司令部（MSC）的舰队补给油船"大号角"号（T-AO-198）（左）并排航行。

为了给大约 6000 名人员提供床上用品，航母上备有 14000 个枕套和 24000 张床单。这些床上用品加上数万件各类制式服装，意味着洗衣人员每天要洗涤大约 5500 磅的物品。每个星期，航母上的理发店就要进行大约 1500 人次的理发，相应也有了大量的护发产品的需要。每年，航母上的邮局要处理 100 万磅邮件。

上述数字还只是与全体航母人员的个人生活有关的。如果我们把航母的主要后勤作业全部考虑在内，那么数字还会飙升。航母的核反应堆虽然是靠核燃料棒来维持运行，并不需要燃油，但航母搭载的众多舰载机却实实在在地需要大量航空燃油，为此航母上存储有 330 万美制加仑航空燃油。此外，根据公开资料分析，"尼米兹"级航母可装载大约 900 万磅军械。2015 年年初，"斯坦尼斯"号航母（CVN-74）从印度洋上的海军弹药库（NAVMAG）补充了 600 万磅弹药，相当于 1400 台起重机的起吊载荷，整个弹药补给作业总共历时 3 天。此外，我们还必须考虑使舰载机保持适航能力所需的成千上万个零部件。

上图 三级航空军械员亚历克西斯·维瓦斯在"斯坦尼斯"号航母（CVN-74）的洗衣房里往袋子里装飞行甲板人员的球衣。

美国超级航母对后勤保障的依赖性非常高，仅仅是一些统计数据就令人咋舌不已。例如，航母上光是每天的餐饮服务就需要准备和运送大约 1.8 万~2 万份餐食，而且航母还要能够做到保持这样的餐食供应长达 60 天。在航母上，每天需要消耗大约 500 磅肉类和 800 磅蔬菜。

右图 "华盛顿"号航母（CVN-73）上，2 架航母后勤中队（VA2-115）的 C-2A "灰狗"运输机运来了 10000 磅以上的邮件。

本章我们将详细介绍超级航母如何进行后勤补给,以及航母上是如何保证数千名舰员在海上连续生存数月的。

补给

核动力的主要优势之一是让航母无限期地留在海上成为可能(至少在更换核燃料棒之前,也不考虑其他的计划内维修的情况下是这样)。但是,航母要长期在海上部署,可不仅仅是取决于动力,还需要上面提到的种类繁杂、数量巨大的物资供应。航母上的存储设施尽管空间很大,但也难以满足惊人的消耗,因此必须对航母进行海上补给,并且海上补给还不是偶然进行,而是经常进行。通常对航母进行海上补给(UNREP)有下列两种方式:

■ 舰对舰连接补给(CONREP)。
■ 舰对舰垂直补给(VERTREP)。

除了海上补给,航母还可以通过港口补给和远程航母上舰交货(COD)方式进行补给。下面我们将依次讨论这些问题。

舰对舰连接补给(CONREP)

在舰对舰连接补给中,航母从军事海运司令部(MSC)的补给舰船(包括快速战斗支援舰、舰队油船、干货/弹药补给船等)接收补给,通常是补给舰与航母并排航行,通过燃油耦合器或补给设备进行物理连接,这也就是常说的横向补给方式。请注意,虽然航母也可以从补给舰的艉部执行舰对舰连接补给(补给舰在航母前面航行,两者之间呈纵向队形,即常说的纵向补给方式),但横向补给有很多优点:接受补给的舰艇可以和补给舰一起保持更大的恒定航速;一艘补给舰可以同时从左右舷给两艘舰船进行补给;能够同时补给干货和燃油,而不仅仅是进行燃油补给。

舰对舰连接补给对时间和航行方面要求非常精确。在补给作业开始之前,先要商定会合

下图 "萨克拉门托"号快速战斗支援舰(AOE-1)使用多套横向补给(STREAM)索具将燃料和干货转给"文森"号航母(CVN-70),可以看到海浪拍打着"萨克拉门托"号的船舷。

地点的坐标、具体的航道（因为补给可能需要几个小时）。一旦航母与补给舰会合，两舰将在近距离（160~180英尺）并排航行。即使气象条件使补给无法进行（5级海况以上通常会停止舰对舰连接补给），两船航道也必须时刻保持紧密。

由于超级航母的尺寸和吨位巨大，加上其产生的尾流，补给舰要保持航道是有较大难度的。例如，以12节的补给速度，只要航道变化一个舰位，就会导致舰艇每分钟侧移20英尺。为了确保航母与补给舰之间距离恒定，通常会使用激光测距仪来测量两舰的间距。"罗斯福"号航母（CVN-71）上的操舵一级军士长埃弗拉恩·托雷斯对此做了如下介绍：

我们用激光测距仪来确定另一艘舰离我们有多远。通过发射激光束到另一艘舰然后再反射回来，计时器测定激光束从发射到接收的时间，计算出两舰之间的距离；然后我们把激光测距仪测量的数据报告给航海长和航海舰桥上的指挥人员。

除了测距，操舵军士长还要把航道和速度的所有变化情况报告给航母上的高级指挥官，这些信息通常都会显示在航海舰桥上的状态板上。

燃油和其他补给品从补给舰向航母的传输是由标准张紧式横向补给（STREAM）索具来完成的。STREAM索具有多种类型，但要将它们连接在一起，则需要在两舰之间固定一根或多根张紧的跨索，这样才能支持燃油输送管或起货机进行传输（跨索的初始设置是通过在两艘舰之间用射绳枪射击来完成的）。一旦STREAM索具连接好，那么只要两艘舰都能保持稳定且平行的航道，就可以进行大量燃油和干货的补给。在补给时，一次为航母补给100万美制加仑航空燃油的情况很常见，因此在补给舰和航母之间通常会架设多条燃油补给管线（最多可达6条），以提高补给速度。

舰对舰垂直补给（VERTREP）

舰对舰垂直补给是通过直升机将货物转运到航母上，通常用于补给军械、食品和备件。在补给时，直升机从岸上设施或另一艘舰艇上飞抵航母飞行甲板。与连接补给相比，垂直补给的最大优势主要在于其灵活性。理论上讲，进行垂直补给时，既不需要补给舰与航母并排

右图 "艾森豪威尔"号航母（CVN-69）上的一名航空（燃油）士官在监控航空润滑油（ALO）接收。

燃油和干货的海上补给（RAS）

美国海军对使用 STREAM 索具在舰与舰之间进行燃油和干货补给的技术流程介绍如下：

当使用 STREAM 索具进行海上加油（FAS）作业时，先将一根张紧的钢索悬挂在两舰之间，接着将一系列软管鞍座由台车连接到钢索上，然后将输油软管悬挂在鞍座之间，软管索具的接收端带有一个接头。可以使用各种加油接头来确保补给舰和接收舰之间的兼容性，最常见的是探针式加油接头。该探头可用于液体生物燃料 DFM（2,5- 二甲基呋喃）或 JP-5 燃油的补给。探针本身有一个锁定机构，可通过弹簧力固定在接收装置上。接收装置通过旋转臂安装在接收舰上。旋转臂允许接收装置在接收站的整个工作范围内移动，确保正确定位以防止探头松开。当施加 2500 磅力的钢索拉力时，探头总成将从接收装置上脱离。接收装置还有一个手动释放杆，在完成燃油输送后释放探针。

在海上补给（RAS）期间，STREAM 索具利用一根张紧的钢索高架索悬挂在两舰之间，STREAM 索具的确切类型取决于货物的种类。在所有索具中，要输送的货物都连接到在高架索上行驶的台车上。台车通过位于接收舰上的拉进和拉出绞机在两舰之间移动。当使用带有全部张紧钢索的 STREAM 索具时，钢索拉出将通过标准航行中补给夹具（SURF）滑块来进行，并固定在台车的外侧。SURF 位于接收舰上；冲压式张紧器位于补给舰上，向高架索施加张力，无论补给舰是与接收舰分离还是移动，均能确保恒定的载荷支持。但是，如果船距太大，则可能会超出绞机的载荷能力。在理想条件下，一根 STREAM 索具最多承受 8750 磅力的载荷。

（https://fas.org/man/dod-101/sys/ship/unrep.htm）

上图 航空（调度）中士驾驶牵引车在"林肯"号航母（CVN-72）的飞行甲板上移动喷气机。在航母上，有许多车辆使用 JP-5 航空燃油。

左图 2019 年 9 月，美国海军快速战斗支援舰"北极"号（T-AOE-8）与"林肯"号航母（CVN-72）进行海上补给（UNREP）时，一名下士航空军械员在"林肯"号的飞行甲板上用叉车转移美国邮政服务（USV）的货物。

上图 在"林肯"号航母（CVN-72）与美国"北极"号（T-AOE-8）快速战斗支援舰进行垂直补给（VERTREP）期间，美国海军第5直升机海上作战中队（HSC-5，绰号"夜间长柄勺"）的一架MH-60S"海鹰"直升机将货物运送到航母上。然后，货物通过升降机迅速下移，送入机库中。

航行，也不需要近距离编队航行。但在实际进行垂直补给时，补给舰艇和航母通常还是会采取接近和事先协调好的航道，以加快两舰之间的货物转运速度。

如果使用1~2架直升机进行垂直补给，航母的理想位置是在补给舰的上风大约380~980码处，这样可以让携带补给品的直升机逆风飞行，然后在顺风的情况下以较轻松的状态返回补给舰。在垂直补给过程中，每增加1架直升机，航母与补给舰之间的距离就要增加200米。

垂直补给相对于连接补给还有一个明显优势，就是不需要航母与补给舰建立任何连接，复杂程度大大减小；而且直升机还可以进行长距离补给。此外，进行垂直补给时，航母不需要保持特定航道，也不需要对航速进行太大限制。

但是垂直补给也有一些缺点，比如直升机受气象条件（风、热、湿度）影响较大，尤其是直升机在进行垂直补给期间需要空中悬停，燃油消耗量剧增，导致航程显著缩短。此外，垂直补给作业还会占用飞行甲板，限制其他飞行作业，并且敏感载荷（如导弹组件）在跌落到甲板上时损坏的风险也会略有增加。

进行垂直补给的直升机可在机身的货舱内部装载较轻的货物或搭载人员，在航母飞行甲板上进行实际着舰。但更常见的是，直升机通过在机腹吊挂货物网兜进行运输。直升机从陆上起降场、补给舰等平台上装载货物，然后飞到航母上空，接着由飞行甲板人员引导到垂直补给接收站，解开货物网兜，等飞机起飞后即可开始处理。一旦货物被补给人员转运至分拣站和处理站，飞机即可再次将货物运入。

左图 2006年4月，在太平洋上的"斯坦尼斯"号航母（CVN-74）进行垂直补给期间，飞行甲板上的一排叉车准备接收SH-60F"海鹰"直升机运来的货物。

港口补给

与海上补给相比，港口补给听起来似乎很简单，但要有效地进行，仍然需要精心计划。

下图 作为垂直补给（VERTREP）程序的一部分，2架MH-60S"海鹰"直升机在海上补给期间，将货物从军事海运司令部（MSC）的干货和弹药补给舰"马修·佩里"号（T-AKE 9）艉部的飞行甲板转运给"里根"号航母（CVN-76）。

海上补给管理（UNREP）

UNREP 在超级航母上被归类为"全手进化"，主要作用是把补给品从接收站快速转运到集结区或存储舱。在进行 UNREP 时，一定要注意安全，因为航母飞行甲板和内部的任何杂物堆积都可能会对舰员人身安全造成威胁，尤其是会增加后续垂直补给（VERTREP）时直升机旋翼下洗气流所导致的跑道异物（FOD）风险。

执行 UNREP 计划的两个关键人物是拥有总体计划权的副舰长（XO）和负责舰上补给品移动、存储和维护工作的补给军官。其他许多部门也可以参与 UNREP 计划，尤其是航空部门和武器部门：在连接补给期间，将补给品转到航母上的工作由武器部门人员负责；而在垂直补给期间，则由航空部门负责。但需要注意的是，一旦航空部门或武器部门人员将吊挂的补给网兜从直升机上断开之后，则转运这些补给品的责任就转到了后勤部门。

超级航母的甲板上有多个指定的接收站，用来在舰上接收补给品。除了通常位于舰尾飞行甲板上的垂直补给站之外，其他接收站都位于机库甲板层。接收站与舰上的升降机同在一处，其中 3 部升降机降下用于连接补给，一部在舰艉的升降机则保持升起以进行垂直补给。当升降机装满补给品，或者达到最大载重限额时，它就会下降到机库甲板，卸下补给品，然后再回到飞行甲板层继续进行转运。

补给品被接收站接收之后，接下来就进入分拣站。由于 UNREPS 节奏非常快（航母每小时可能接收超过 100 吨的补给品），在接收时没有时间考虑库存核算，所以补给品在分拣站就要按类型和储存地点进行分拣。美国海军对此规定，只要分拣站的位置不会阻塞补给品向前移动的通道，那么分拣站可以设在航母上的任何地方。

补给品经过分拣站分拣之后送入处理站，这些站点设置在方便将物资运输到甲板下的地方，因此包括弹药升降机、装有电动升降机的舱口和任何其他转运点。需要强调的是，这项转运工作必须非常迅速地完成，因为一艘打开很多舱门的舰船非常容易遭受战斗损伤。实际上，航母上所有工作站的人员在进行补给作业时都会全力以赴，尽可能缩小本舰的易损时间窗口。

右图 一个工程组在"林肯"号航母（CVN-72）上维修并重新组装一台喷气发动机。航母的自给自足需要运输成千上万的航空零件。

左图 三级厨师丹尼尔·威廉姆斯正在"里根"号航母（CVN-76）的甲板上准备一盘泰式炒饭，以参加由补给部赞助的"铁人料理"大赛。

最大的影响因素就是航母将在哪个港口装载这些补给品。如果该港口是美国海军的设施，那么码头的程序和设施就能以标准化流程来进行；但如果是外国港口，就需要考虑港口导航、锚泊安排、码头起重设备、所需人力、安全和许多其他因素，流程和设施可能要走特别程序。因此，事先做出明确的安排至关重要，因为补给期间的任何问题都可能错过航母作业时间表中的关键时间点。

上舰交货（COD）

这种方式主要是指使用具备航母起降能力的货运飞机将物资或人员直接送到航母上。它与垂直补给的不同之处在于，货运飞机通常隶属于航母搭载的舰载机联队，并且像其他固定翼舰载机一样进行拦阻着舰。

虽然直升机过去曾用于上舰交货，但航母上主要执行上舰交货任务的是 C-2A"灰狗"和最新的 CMV-22B"鱼鹰"。正如第四章所讲，这两款飞机的载货能力相当大，它们为航母提供了一条重要的定期补给生命线，尤其是在运送家庭邮件、包裹等私人物品方面至关重要。

食品和水

本章开头的就提过为 5000 多名人员提供至少一日三餐的后勤保障需要的物资数量。例如，根据美国海军"杜鲁门"号航母的数据，航母上的人员每天可以消耗 1600 磅鸡肉、160 美制加仑牛奶、30 箱谷物和 350 磅生菜。"杜鲁门"号航母上有 17 个厨房和 114 名炊事人员，每天提供超过 18000 份餐食，单是"杜鲁门"号航母上的步入式冷冻库的储存空间就有 11000 平方英尺。尽管与餐食有关的食品存储、组织和烹饪本身就已令人惊叹，但这还没包括供应餐食烹饪、航母人员饮用所需的大量淡水，以及用于舰上卫生、个人卫生、一般清洁和各种作业的淡水。

"尼米兹"级航母配备有 4 个水蒸馏装置，每天从航母上泵入海水，总共生产 40 万美制加仑淡水，这意味着航母上根本不需要外部淡水供应。蒸馏装置利用核反应堆产生的热量，通过热交换器传导到泵入的海水。热交换器（封装在金属外壳中的一系列金属管或板）将热源流体（蒸汽）与吸收热量的海水分开，同时通过金属表面提供尽可能多的热接触。得到的产品就是清澈的饮用水（蒸汽冷凝水）和所谓的"盐水"（即浓缩海水）。其中盐水被排放回大海，每天的排放量高达680万美制加仑，远远超过每天生产的40万美制加仑淡水。

"福特"级航母不再使用蒸馏净化法，而是采用反渗透（RO）海水淡化法。反渗透装置通过使海水穿过半透膜来分离淡水和海水。半透膜是一种只许溶剂分子通过、不许溶质分子通过的膜。在用半透膜隔开的海水与淡水中，水分子就是溶剂分子，海水中的盐分、重金属等物质就是溶质分子。利用技术手段向海水施加外部压力形成渗透压，使海水中的水分子"跑到"淡水里，溶质分子剩下，从而达到淡化海水的效果。

反渗透海水淡化法的缺点是"舰上的反渗透装置生产的淡水与蒸馏装置生产的淡水相比，纯度低，总溶解固体（TDS）的浓度高两个数量级。"（Environmental Protection Agency, 1999, 3）。然而，反渗透海水淡化系统避免了蒸馏系统的结垢问题，蒸馏系统每5~7年就必须在港口进行一次严格的清洁。

军械

超级航母上的军械涵盖种类多样的武器装备，主要包括所有规格的炸弹，从250磅到2000磅，并有多种引信和艉部套件；用于舰载机攻防和航母防御的导弹，包括空空导弹、空地导弹、空舰导弹和相应的火箭发动机部件；用于舰载防御系统或用于直升机挂载的鱼雷；烟火，如诱饵弹；火炮弹药；枪炮和副油箱。确保航母上的所有军械都得到妥善的存储、搬运、装配、武装和解除武装，对安全性要求非常高。因此，美国海军制定了严格的作业程序，并要求所有人员都必须严格遵守作业程序。

超级航母上的军械被储藏在甲板下的弹药库内，弹药库的数量依航母而有所不同。在笔者参观"艾森豪威尔"号航母期间，一名军械官给笔者介绍了这艘航母上的弹药库系统：

我们共有33个弹药库，每个弹药库都有其独特之处，有些会存储不同类型的炸弹，有些会存储火箭弹，有些会存储导弹，其中一些弹药库还要进行分隔。例如，轻武器弹药和炸弹在同一个弹药库就要分开存储。大多数弹药库都会附有零配件，我们会根据需要将组装军械的所有物品都转运到装配区，并且放在同一地点进行组装。

我们有10部武器升降机，可以用它们取出各个弹药库中的军械，然后转运到装配区。在装配区有组装台和气动起重机。他们（军械人员）会组装出一个"部件"（一个单独的军械部件），然后把它放在桌子上按照订单要求与军械组装起来，最后送到飞行甲板上。

由于军械害怕高温，所以全部弹药库都装有空调，以保持恒定的温度。每个弹药库还配备自动喷水灭火系统，以及不同类型的警报器，如温度警报器、水浸警报器和提示我们是否启动自动喷水灭火系统的警报器等，所有这些都

下图 在"艾森豪威尔"号航母（CVN-69）与"斯坦尼斯"号航母（CVN-74）进行军械转移期间，前者的一名武器三级军士长对军械采取保护措施。

是独立监控。此外，我们还有"漫游者"（对游动检查人员的昵称——译者注），他们会全天巡视这些弹药库，以人工方式检查弹药库状态，并记录多种故障级别。

弹药库实行24小时作业。整整一天，我们都在四处调运各种军械，最终把它们运到飞行甲板上，供舰载机和飞行甲板人员使用。我们通常是在下午拿到需求订单，所以下午晚些时候和傍晚早些时候是我们在弹药库忙着提货的时候。军械管制由军械会计和库存管制员负责，奉行"先进先出"的原则。

在存储炸弹的弹药库，军械人员根据下发的军械载荷计划，将炸弹的弹体与尾部套件、头部套件/引信组装在一起，这有点类似于汽车装配区，但程序要严格得多。因为炸弹是威力强大的爆炸物，在组装它们的过程中必须保证安全。

在存储、装配炸弹的弹药库里有一个炸弹组装台，即一个长长的装有隔框和插槽的金属

上图 分配到武器部门的水手将补给三角旗挂在"杜鲁门"号航母（CVN-75）飞行甲板上的军械存储箱上。

下图 "艾森豪威尔"号航母（CVN-69）弹药库的一部军械起重机。

右图 炸弹组装台的设计允许军械在组装过程中360°旋转。

右图 未使用的炸弹引信保险钢丝，它会将某些类型的军械保持在安全状态，直到释放或手动解除。

工作台，每个插槽最多可容纳1枚重达907千克的炸弹。使用气动起重机将炸弹弹体从货盘吊到工作台上，然后在工作台上安装炸弹组件。当炸弹组装完成之后，它会被武器升降机提升到飞行甲板，然后挂装到舰载机上。有些时候，成批组装好的炸弹也会由舷侧运送飞机的升降机集中转运到飞行甲板上。

对舰载机进行武装，需要舰载机调度组、航母军械组和舰载机军械员之间密切协调。舰载机弹射前挂装军械通常是在飞行甲板上进行，这样做主要是出于安全方面的考虑，因为在挂装过程中万一发生爆炸，在露天飞行甲板上造成的危害要比在甲板下的密闭空间小得多。在舰载机进行武装作业时，状态板上会列出所有正在移动的军械和指定的舰载机，并且根据实际作业过程不断进行更新。

舰载机在飞行甲板上进行武装和解除武装都有专门指定的区域。舰载机起飞前挂载武器通常是在燃气导流板前方进行操作，而解除武装通常要求舰载机滑行到指定区域——飞行甲板上较为开阔的地带，这样即便出现导弹意外发射的情况，那么导弹也是飞向大海，不会对航母造成损伤。处理"悬挂"武器，即飞行员本应在作战中使用但因种种原因最终未能投放或发射的武器时尤其要小心。

在对舰载机进行武装时，必须严格遵守武装作业规定，因为舰载机一旦被武装，其挂载的武器就被激活，处于随时可以使用的状态。以下就是美国海军对于舰载机武装的指导原则：

前射武器必须是弹射前在武装区域进行最后武装；在重新武装区内所有授权的舰载机重新武装都可以在发动机启动后和滑行之前完成；获得授权只能在武装区范围内完成的重新武装应按如下原则进行：

1. 航空军械（库）管理员（Air Gunner）或指定的舰载机联队军械协调员应监督所有机载武器的重新武装。
2. 在弹射期间，指定的舰载机联队武装协调员应在舰艏和斜角甲板弹射器就位，以监督所有舰载机的最终武装。
3. 舰载机联队军械官应指定武装人员。

（US Navy，2007b，7-13）

而当舰载机返航时，飞行员在进近中须将任何未使用的弹药告知飞行排列员，并且飞行排列员要通知航空舰桥，再由航空舰桥通过飞行甲板通信系统公布所有细节，以便飞行甲板上的军械人员为后面将要到来的解除舰载机武装的任务做好准备。

理想情况下，舰载机应该在离开舰载机回收区，且发动机处于关车状态下再行解除武装。但在紧急情况下，舰载机也可以在发动机关车前解除武装。在解除武装时，需要一名航空军械管理员或舰载机联队军械协调员对整个过程进行密切监督。

我们还应该注意到"尼米兹"级和"福特"级航母之间的一个重要技术变化。"尼米兹"级的武器升降机能够以 100 英尺/分的速度转运 105000 磅的军械；而"福特"级装备了先进武器升降机（AWE），其通过电磁、线性同步电机操作，能够以 150 英尺/分的速度转运 24000 磅军械，这在理论上意味着舰载机的出动架次可以增加 33%。但在撰写本文时，先进武器升降机仍有诸多技术问题尚待解决。

上图 "艾森豪威尔"号航母（CVN-69）上某军械弹药库停泊的一辆经美国海军批准使用的雷蒙德叉车，注意在其周围存储的炸弹都没有装翼面套件和头部套件。

下图 "福特"号上的先进武器升降机（AWE）及其操作员。与"尼米兹"级的同类升降机相比，AWE 最终可以让舰载机出动架次提高 33%。

美国海军军械安全转运指南

武器转运：在指定的弹药库之外如果有机载武器，那么一旦发生火灾或爆炸，将大大增加航母的危险，涉及的武器数量越多，危险越大。为了最大限度地降低这种危险，必须将作战所需的武器转运到机库或飞行甲板上。除实际载荷变化，滑车/叉车上的武器应前后放置并始终有人值守。机载武器应放置在顺手的区域内，以便有足够的时间安全地挂载到舰载机上。组装好的武器应在以下区域暂存：

1. 方便抛弃的地点。
2. 至少有两条清晰的通道。
3. 自动喷淋系统或人工操作的消防水龙能够覆盖到的地方。
4. 尽量远离加油站和有 LOX 拖车的地方。
5. 有人值守，并有切实保护武器的规定。

在确定武器集结区时应遵循的优先次序如下：

1. 舰岛外侧的飞行甲板。
2. 机库甲板。
3. 舷侧突出部。

暂存区仅用于待命时段，不得用于长期存放或扩大舰艇的武器存放空间。暂存区的所有武器均应放在滑车/叉车上。在进行每天涉及军械的飞行作业之前，所有军械抛弃坡道将被使用。只要有军械存在，那么无论什么时候都要在暂存区设置抛弃坡道。所有其他坡道什么时候需要使用，由航空军械管理员决定。舰载机升降机可用于转运武器，以加快武器从机库甲板到飞行甲板的转运速度。军械调度军官和舰载机调度军官之间应紧密协调。

（US Navy，2007b，7-11）

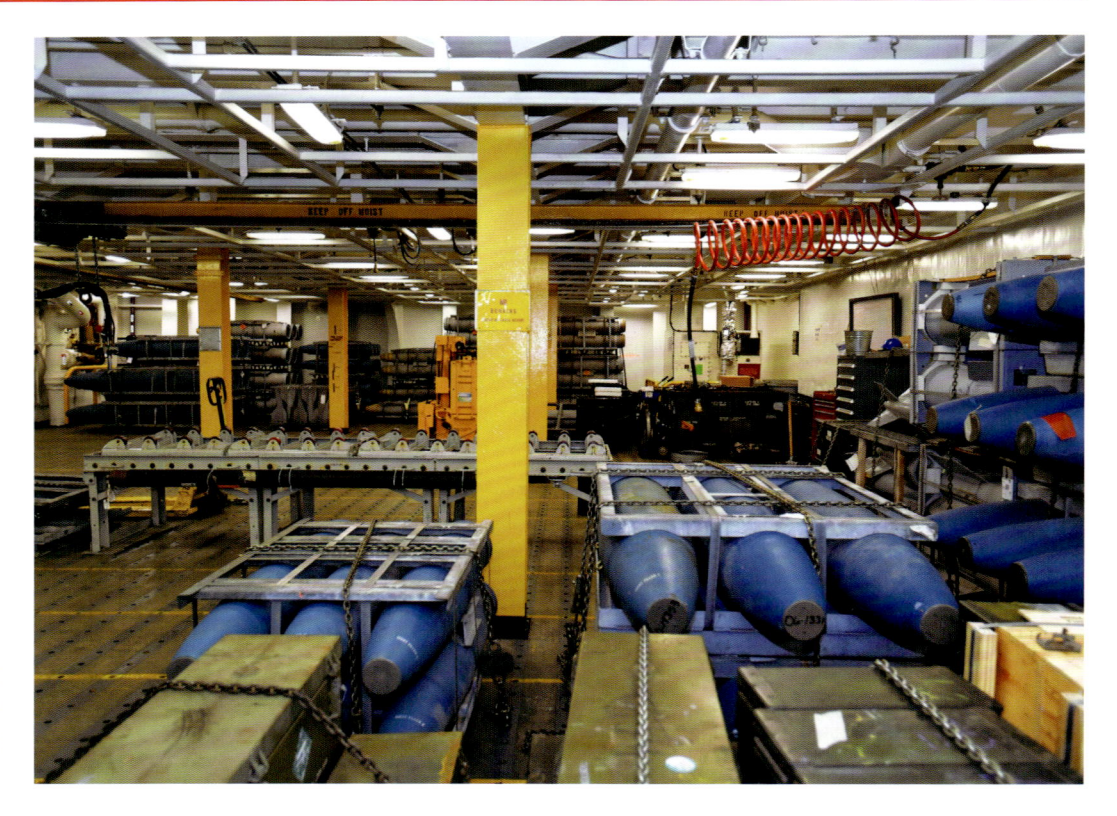

右图 "艾森豪威尔" 号航母（CVN-69）上存储的军械和炸弹组装台。蓝色炸弹是训练弹。

燃油

航空燃油是美国超级航母的作战命脉。"尼米兹"级和"福特"级航母均能装载 300 万美制加仑的 JP-5 燃油（标准飞机燃油类型）。航空燃油从燃油舱到舰载机的后勤管理需要一套缜密的工程系统，这就是航空燃油作业排序系统（AFOSS）。

航母上的航空燃油存储有 2 种不同类型的燃油舱——存储舱和日用舱。存储舱可在未经处理的状态下对 JP-5 进行简单存储。相比之下，日用舱包含随时可以在舰载机上使用的燃油。根据作业需求，JP-5 燃油从存储舱转运到日用舱，要经过各种过滤和质量处理，以确保其品质，使其能够用于精密的航空发动机。

航母上的燃油一般是通过海上补给（UNREP）或左舷装载上舰。在海上，核动力航母通过右舷的多个加油接口将油加满，这些加油接口位于机库甲板外侧的加油舷台上。在海上补给期间，通常使用 2 个或 3 个加油接口；但在码头补给期间，航母也可使用左舷额外的加油接口从燃油驳船加油。当燃油送达航母上时，通过一个输送系统向下输送到存储舱。该输送系统由位于泵房的多个转运泵组成，这些泵还包含用于清洗燃油的离心净化器。然而，这些净化器在补给作业期间会被旁路（即绕过），除非日用舱被装满（输送系统负责将燃油传送到

上图 一部军械升降机从舱底深处的弹药库把弹药运到飞行甲板上。

左图 2019 年 10 月，在大西洋上航行的舰队补给油船"卡纳惠"号（T-AO-196）与"斯坦尼斯"号航母（CVN-74）保持平行航向，准备给后者进行加油补给。

右图 美国海军核动力航母采用的JP-5航空燃油转移管局部特写。

航空燃油加注程序——NAVAIR 00-80T-120

燃油载荷

舰载机的燃油载荷都在航空计划中公布，如果要变更航空计划公布的燃油负荷，需要航空作业军官核准。

1. 燃油管制军士通过4JG声控电话和/或飞行甲板通信线路向加油长和加油员报告燃油需求情况。
2. 燃油管制话务员在燃油状态表上标明舰载机燃油载荷。状态表包括舰载机的类型、机号、起始和最终的燃油载荷。当燃油需求得到满足时，加油长将告知燃油管制话务员。
3. 加油站人员应该由1名配备4JG声控电话的加油长和若干名加油员组成，每条使用中的加油软管至少应有1名喷口操作员。甲板上应有1名获得资格考评系统（PQS）资质的飞行甲板燃油主管，以协调加油作业，同时担负安全军士的职责。
4. 舰载机按照航空计划加油。燃油管制话务员通过在燃油检查卡上记录加油前、加油后的机上燃油量和发放的燃油量来对燃油清单负责。

加油站

1. 启动日用泵并给管道加压后，打开卸油泵。
2. 按照AFOSS打开加油站供油阀。
3. 连接航母到舰载机的地线。
4. 取下加油适配器盖，将喷口连接至舰载机，再将拨动开关置于"on（打开）"位置，然后开始加油作业。
5. 完成舰载机加油和卸油后，按照AFOSS关闭加油站。
6. 经指挥官或其指定代表批准，可在港口完成JP-5的加油/卸油。

（US Navy，2008a，8-8）

全航母上下，而不仅仅是从加油点到存储舱）。

航母上的燃油必须经过几个阶段的清洁后才能达到可以使用的状态。燃油通常需要经过一段时间的沉淀，使燃油中的异物和水分沉到底部。该系统还包括一个扫舱组件，这个组件可以恢复燃油舱的容量，同时保持燃油清洁，以备不时之需。汽提组件通过一组过滤器/分离器对燃油中的污染物进行再循环，从而对其进行分离，而日用舱也包含自己的过滤和分离系统。美国海军的一份文件说明了燃油清洁的效率和过程：

过滤器的设计目的是从流过它们的燃油中除去98%的固体和100%的夹带水。这是通过安装在过滤器外壳内的两种独立的过滤媒介分两个阶段操作完成。第一阶段由一组聚结（COALESCING）元素组成，周围有疏水筛，起着去除固体和聚结水的作用。聚结是指将携带水的微粒聚在一起形成大的水滴，然后水滴在重力作用下从燃油中掉落。第二阶段由一组分离（SEPARATOR）元素组成，这些分离元素具有排斥太小而无法在重力作用下掉落的聚结水滴的功能。

（US Navy，1993，8-6）

为了确定燃油舱中的燃油质量，航空燃油分部（V-4）的人员将定期进行测量。这是通过使用测深带来完成的。测深带是一条50英尺长、以英尺和英寸为刻度单位的钢带，其中一端的弹簧钩安装有铅锤。测深带上涂有指示水或指示燃油的膏状物，然后通过测深管向下卷绕到油舱，铅锤使测深带保持绷紧状态。水滴的存在或膏状物的颜色变化为操作员提供有关燃油舱的燃油液面位置和质量的信息。

为了给舰载机加油，燃油从日用舱泵送到飞行甲板上的JP-5加油站。一般来说，舰载机在回收后不久就会加油，以保持待命状态。如有必要，舰载机也可以使用CLA-VAL软管卷盘进行卸油。软管卷盘将燃油从舰载机上抽出送到主卸油系统，然后再从主卸油系统送回指定的存储舱。

左图 美国海军第3舰载机联队（CVW-3）的水手检查"艾森豪威尔"号航母（CVN-69）上的一具副油箱。

在超级航母上的后勤工作远远超出了本章的内容。不过食品、淡水、弹药和燃油显然是最基本的，因为它们是航母进行作战的基本需求。但是除了这些之外，航母还需要得到更广泛的后勤保障，定期补给更是必不可少。

下图 美国海军核动力航母上典型的JP-5航空燃油加注和输送系统图解。

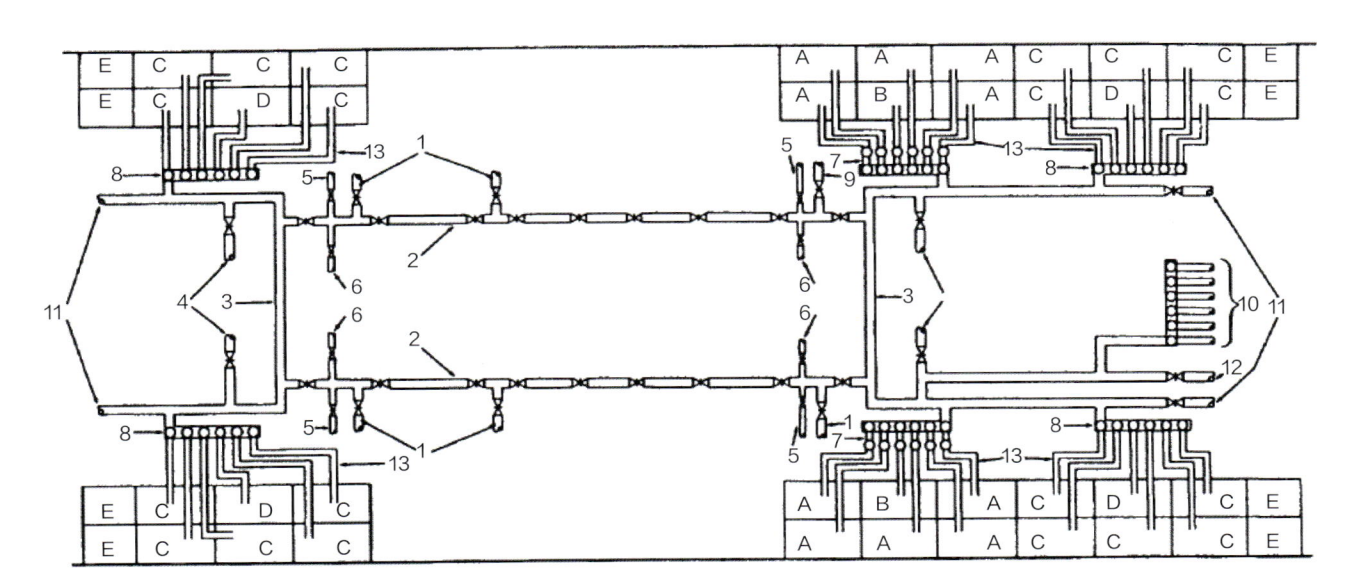

A. JP-5 或压载物
B. JP-5，压载物或溢流
C. JP-5
D. JP-5 或溢流
E. JP-5 使用
1. 降液管
2. 输送主管道
3. 输送主分支集管
4. 输送泵吸油集管
5. 输送泵排放
6. 汽提泵排放
7. 双阀歧管
8. 单阀歧管
9. 排污主管道
10. 双底油舱加注线
11. 输送主分支管（到其他存储舱）
12. 输送主分支管（到峰值燃油舱）
13. 存储舱注水和吸水管线

165
第六章 后勤

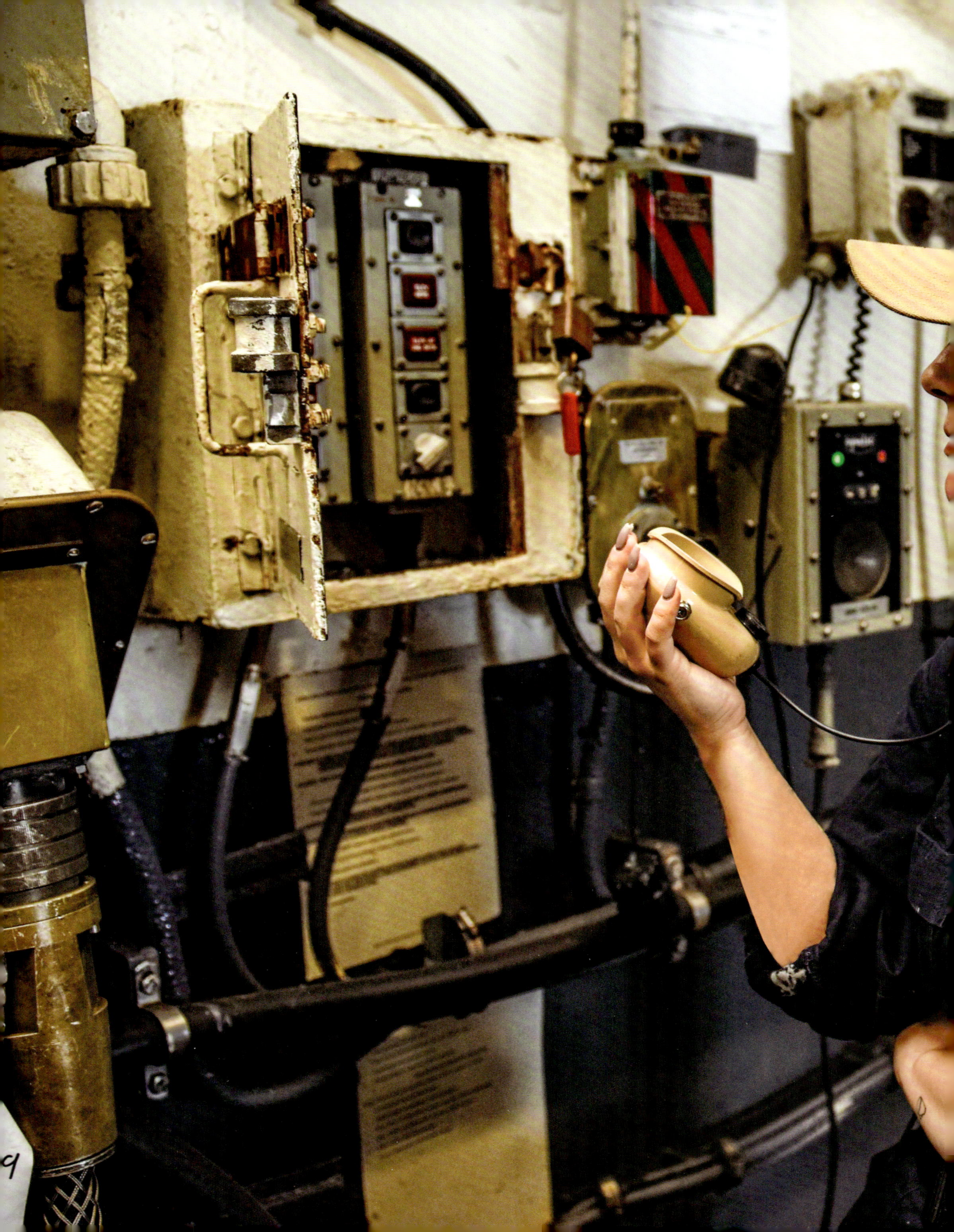

第七章

日常生活和作业

通过上面的章节，我们对超级航母的主要组成部分和这些部分如何协同执行飞行任务有了比较深入的了解。在本章，笔者将详细介绍航母上的日常生活，为此我们会尽可能多地引述航母成员的话语，而这些话语有些来自笔者在"艾森豪威尔"号航母上的采访，也有些来自笔者对美国海军档案材料的精选。通过介绍航母的日常生活，我们会发现航母不仅是庞大的作战平台，还是一个生活实体，是成千上万人的海上家园。

左图 在"罗斯福"号航母（CVN-71）的机库里，航空军械一等兵泰勒·约斯特通过一部声控电话与其他人员通话。

167

上图"艾森豪威尔"号航母（CVN-69）舰长凯尔·P.希金斯海军上校在司令舰桥上向舰员讲话。

指挥权

我们从"指挥树"的最顶端，即舰长开始。作为一名航母舰长，他不仅肩负着广泛的责任，包括人员管理、战术、战略和外交的方方面面，而且还要具备飞行和海军作战所需的丰富知识。因此，航母舰长和副舰长（XO）都是美国海军飞行员出身。除此之外，他们还需要不断学习，并且在不同的工作岗位上进行轮岗，以强化他们的指挥能力。

美国海军"艾森豪威尔"号航母的舰长凯尔·P.希金斯就是这样一个例子。希金斯于1990年毕业于美国商船学院，随后在"沙漠盾牌行动"中担任海上预置舰"诺姆角"号的三副，1992年9月成为一名美国海军飞行军官。

在成为海军航空兵的最初几年，希金斯是"小鹰"号航母（CV-63）上搭载的VA-52"骑士"攻击机中队A-6E"入侵者"舰载攻击机的一名投弹手/领航员。之后，希金斯又到"星座"号航母（CV-64）上的VQ-5"海影"中队，成为ES-3A电子战机的一名乘员。2000年9月，希金斯第三次更换舰载机类型，成为VAQ-130中队EA-6B"徘徊者"电子战机的一名乘员。在此期间，他跟随所在的"杜鲁门"号航母（CVN-75）参加了"伊拉克自由行动"，执行了多次作战任务。2008年，希金斯担任VAQ-138中队"黄马甲"指挥官，并在2013年担任"斯坦尼斯"号航母（CVN-74）的副舰长。2016年，希金斯成为美国第7舰队旗舰"蓝岭"号（LCC-19）的舰长。

除了他的海军航空兵和指挥官经验（他已经积累了2300多个飞行小时，并且进行了790次拦阻着舰）之外，希金斯还有丰富的海外经历，包括在美国海军研究生院进修，获得了太空系统作战的理学硕士学位。2009年10月至2010年11月，希金斯担任美国太平洋舰队（COMVAQWINGPAC）电子攻击联队的指挥官、军需官和参谋长，并曾指挥阿富汗帕尔万省和乌鲁兹甘省的省级重建小组，在那里他参加了美军与阿富汗政府的联合行动。2017年11月，希金斯就任美国海军作战部主任办公室（OPNAV）"舰队就绪"办公室主任。

在与笔者的交谈中，希金斯舰长对他的经历和背景作了一些介绍，解释了他如何到达自己现在的位置，并描述了他与副舰长之间的关系：

这不是凭经验发生的，也不是偶然发生的。之所以发生，是因为我们让它发生。我们经历了学习的过程。这是航母副舰长和舰长之间的巨大差异——我们之间有大约7年的时间差距，我从2012年就开始做这类工作了……当海军派遣一名副舰长在这里与舰长一起工作时，他就会了解到这艘舰是如何运行的。因此，副舰长负责第二甲板片区的工作，并进行日常管理，以确保它有助于达成航母的总体目标，不管这个目标是什么。我曾在另一艘航母（"斯坦尼斯"号）上担任过副舰长，其间正好遇到一段航母的干船坞维修期，于是我学到了如何与修船企业建立关系……

我们知道如何管理飞行中队——我们非常擅长这一点，我们一直都在这样做。一个飞行中队通常由200人和12架舰载机组成，但我指挥过的中队只有4架舰载机。这样舰载机数量很少的中队经不起损失，因为你的中队经常会有 2 架舰载机在维修，只有 2 架能够随时执行任务。所以，如果有 1 架舰载机坠毁，你就已经失去了 75% 的作战能力（原文如此，2 架可用的舰载机如果损失 1 架，那么应该是损失了 50% 的作战能力——译者注）。但是指挥一艘航母和指挥一个飞行中队有非常大的不同，作为舰长要处理的事情远远多于飞行中队长，而且也更加复杂。

我的职业生涯中有一个重要阶段，就是当我进入他们所谓的"深度吃水"时，当时我有机会作为舰长指挥一艘军舰（"蓝岭"号指挥舰）。我管辖的人数大约有 650 名水手，而且舰上还有第 7 舰队的参谋人员，所以我又多了 350~360 名水手。因此，我的舰上总共有大约 1000 名水手……通过指挥"蓝岭"号，我学会了如何有效管理一艘军舰。然后我去了五角大楼，学习了一些"大海军"知识，了解了五角大楼是如何运作的，以及我们如何在高层做出决策。在这之后，我很幸运地成了"艾森豪威尔"号航母的舰长。

作为一名航母舰长，希金斯是航母上庞大信息流汇集之后的终极焦点。他讲述了舰长如何与下属部门联系：

上图 "垂直地平线"乐队在美国海军"杜鲁门"号航母（CVN-75）的飞行甲板上进行表演，这是海军娱乐之旅的一部分。

左图 来宾在诺福克海军舰队节期间参观"罗斯福"号航母（CVN-71）。美国海军鼓励舰员家庭参与航母生活。

上图"华盛顿"号航母（CVN-73）的水手在通用电气（GE）仓库收到货物清单后核实序列号，为航母的中期换料大修（RCOH）做准备。

这艘航母上设有20个直属部门，它们的职责各不相同。当然每艘航母都略有不同，这与建造方式相关，但功能大体差不多。每个部门相对独立，都有自己特定的功能和作用。例如，医疗服务全部归于医疗部门，而不是牙科部门——牙科部专门负责牙科方面的所有工作……我们有情报部——整个部门都致力于此。我们有作战系统部，它不仅负责管制航母上的自卫系统，决定采取何种作战方式，而且还处理无线电、内部通信、卫星通信系统、计算机网络等各种各样的事情。当那些信息不断变化时，他们会告诉我什么是可用的，多少是可用的，什么时候是可用的。我们与参谋人员非常密切地合作，确保每件事都能得到妥善处理。

我们有一个完整的作业部门，负责当前和将来的作业。他们跟踪着我们每天的工作——制定作业表来规划下一步作业，并与同事们说"下一步作业看起来会如此"。

导航部的职责就和它的名称一样，但它不像商船那样从A点到B点那么简单。商船从一个港口到另一个港口，决定一切的都是金钱。然而海军不是这样的，我们所做的事情基于时间和任务，比如在海洋上巡航和保护船只。我们必须在特定的时间到达特定的地方。飞行也不是随意的，起飞需要借助风力。因此需要明确风向，然后保持逆向航行，所以这些都得基于时间进行决策。

航空部门日复一日地在负责所有的航空作业，包括现在的和未来的航空作业。"未来"涉及维修计划——如果我需要长期或短期拆除弹射器，那么意味着什么？如果其中一部弹射器必须拆下来进行维修，哪个应该拆下来，接下来我要做什么，这对舰载机的弹射有多重要？如果我们在错误的时间拆下错误的弹射器，那么就可能会导致整个航母的"交通阻塞"。这些不寻常的事情导致所有人心慌，而我们本可以做出更好的计划……供应部门、工程部、反应堆部门等，他们都会被牵涉其中。

在随后的采访中，希金斯舰长说道，航母的唯一目标是"弹射和回收舰载机"，航母上的每个人无论其扮演的角色或级别如何，都是为这一目标服务。正如他所讲的那样，餐饮部门可能只将其职责看作是为舰员和空勤人员提供食品，但最终其对营养、健康和士气的贡献将直接影响到航空作业的效率。所以，任何一个部门都会影响到整个航母团队的形象。

关于航母团队的另一个深刻的、高层次的观点来自海军中将迈克·舒梅克。他在2018年（以下采访进行时）是美国海军航空兵司令（CNAF），负责管理美国海军所有航空单位。一位海军新闻官向他提问："与您刚来的时候相比，您对如今海军航空兵的水手和航空人员有何看法？"他在这里的回答使我们的注意力更多地集中在舰载机联队本身的素质，以及在岸上和海上执行作战任务所需的情报、教育和适当的计划：

在我这三年对舰队的了解过程中，我们的官兵给我留下非常深刻的印象。他们是我们所做工作的关键，留住高素质人才是重中之重。我们做得很好。我在航母上与年轻的维修人员交谈……看到他们的回收战备能力、他们的创造力、不同中队之间彼此学习并就改善战备状态和质量所进行的开放性思考令人鼓舞。他们一起工作的方式令人惊叹不已。我当时在勒穆尔的舰队战备中心（Fleet Readiness Center）看到了一位年轻的机械师，他在加工零件。他向我展示了他从工厂获得的图纸，而他正在加工的是任何库存系统中都没有的零件。不只是传统的"大黄蜂"，这些都是"超级大黄蜂"。他很兴奋地向我展示他如何使用这台机器加工出零件。在某些情况下，这些零件根本不存在。这种创新真的很令人兴奋。

上图 美国海军"华盛顿"号航母（CVN-73）的一级内部通信电工、三级军士长（CPO）马克·高迪亚在弗吉尼亚半岛食品库的一次志愿者活动中，负责清洗篮子。

左图 一名美国海军二级航空电子技术员在"斯坦尼斯"号航母（CVN-74）的机库对第9直升机海上战斗中队（HSC-9）的MH-60S"海鹰"直升机进行维护。

上图 2019年3月15日，"华盛顿"号航母（CVN-73）在亨廷顿·英格尔斯工业公司纽波特纽斯船厂进行中期换料大修（RCOH）期间，维修人员正在吊装主桅的最后一部分。

我花了很多时间进行走访，与年轻的水手和海军陆战队员交谈。他们的创造力、技术革新、工作动力和职业道德给我留下了深刻的印象。我对我们部队里的年轻维修人员所处的位置感到非常兴奋，他们会成长为经验丰富的军士和军士长，我们的海军航空兵事业必须由他们来运转。

我还评判了下级军官（JO），从打击群司令那里听到了一些关于他们在作战部署中的故事。我回顾了第一次执行任务时我们所做的事。虽然我们没有参加战斗，也没有飞越伊拉克和叙利亚等地，但我知道他们在那些任务中必须做什么，根据交战规则来权衡，确保他们对应该击中的目标具有正确的信息，然后了解他们的武器将要做什么，估计任何潜在的附带损伤，以及在地面与可能说不了流利英语的当地人一起工作。我观察他们如何将所有这些融合在一起——海军上尉们一起飞越伊拉克和叙利亚——他们继续无懈可击地执行任务。

当我作为一个打击群的指挥官，在阿富汗、在"伊拉克自由行动"（OIF）中执行任务时，我会询问和听取下级军官对他们执行任务的想法，看到他们最后竭尽所能，实现了地面指挥官的意图。没有比这让我更骄傲的了。我认为

右图 美国海军第3舰队司令理查德·亨特海军上将登上"林肯"号航母（CVN-72）时穿过"彩虹侧侍"。

这是对我们训练体系的证明，即我们从海军航空兵训练总局（CNATRA）训练开始，通过舰队替换中队（FRS）到舰队训练的方式，实际上也证明了我们整个部队的标准化。我们有我们的空战训练体系，这让我们在每个地区都能通过不同的资质来跟踪下级军官的进步，一直到他（她）能够指导其他下级军官。如果你在某个地区或平台上看到一个具有3级或4级资质的男军官或女军官，你就会明白这意味着什么。我认为这是海军航空兵的最大优势之一。我们已经进行了全面审查和战略审查，从中汲取一些教训，保持海军航空兵的标准化和空战训练的连续性。我们整个部队必须继续接受和执行这些计划。

舒梅克的这些话语讲清楚了从核动力航母甲板飞出的战斗力仅仅是矛尖，整个矛要想异常结实、锋利，还是要回到像海军航空兵训练总局（CNATRA）这样的训练机构进行全面、系统、严格的训练。当所有海军飞行学员完成初级训练阶段后，将会在攻击机、直升机、海上巡逻机、倾转旋翼机、E-2/C-2、E-6这6种机型中选择一型继续训练。海军航空兵训练总局为海军飞行军官（NFO）也准备了4种训练机型，分别是攻击战斗机、机载预警机（AEW）、海上巡逻机（MPR）、通信中继机（TACAMO）。

右图 一名三级电工在"艾森豪威尔"号航母（CVN-69）的机库对美国海军检验与鉴定委员会（INSURV）成员的电子设备进行安全检查。

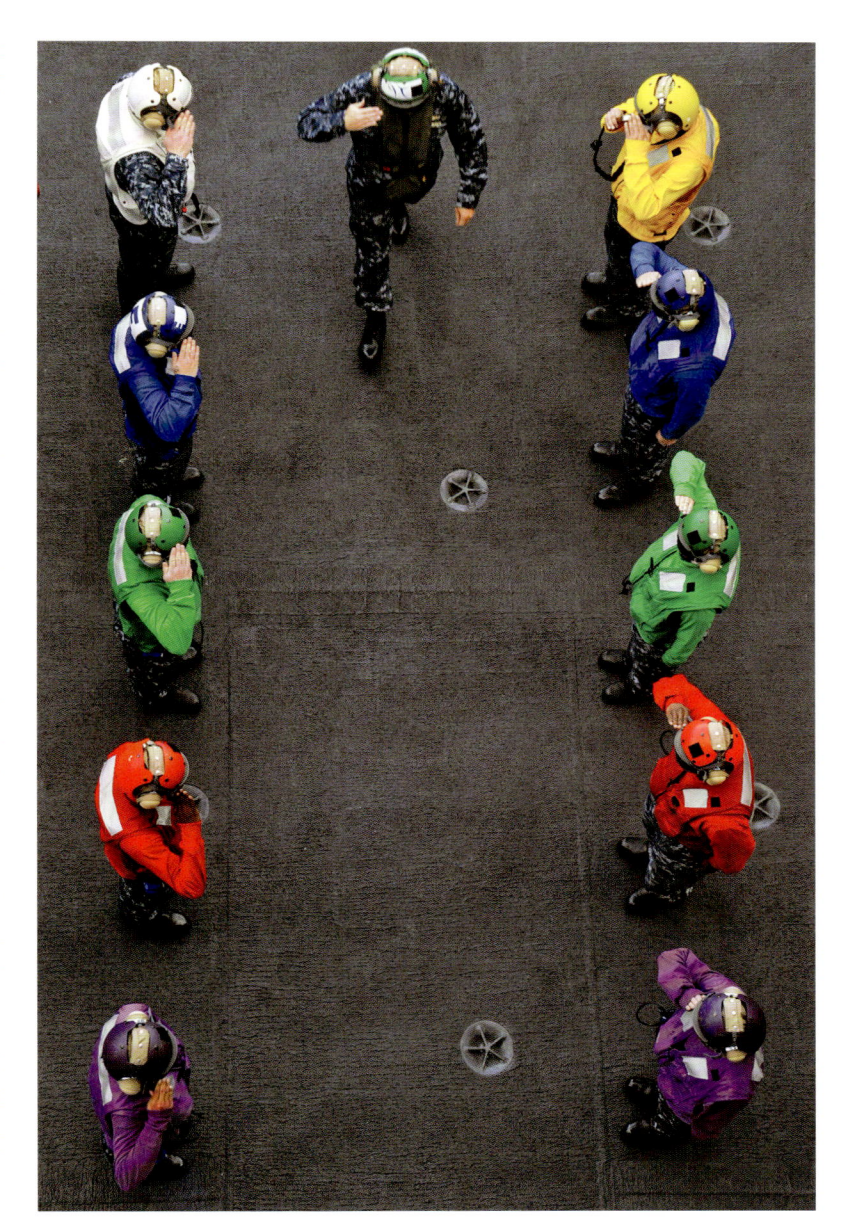

173

第七章 日常生活和作业

值更

在超级航母上,有一项任务需要精神高度集中而且还要在任何情况下都不能惊慌,那就是担任值更官进行值更。在航海舰桥上,值更官负责直接传达舰长指令,操纵航母和管理周围的团队。2017年,美国海军"尼米兹"号航母上的J. G. 科琳·M. 威尔明顿上尉对值更期间涉及的情绪和需要完成的任务进行了讲述:

你总是担心自己会把事情搞砸,然后你会有这样的焦虑:你可能会做错什么事,或者你会让别人失望,但这些内心情绪必须控制住,不能表现出来。在外表上,你必须表现出自己是一个平静、冷静、镇定的人。当我下达命令时,当我试图计算出一次回收(指舰载机进行一波回收作业——译者注)之后航母向何处航行时,我不能让恐惧和焦虑从我的声音中流露出来。我不会对某人发火,因为如果我对他们发火,可能导致他们对自己的行为产生迟疑。我需要每个人都做好他们的工作,所以你必须学会如何管理所有这些情绪,并在值更后加以处理。

我从舵轮安全军官一直干到甲板军官,完全可以胜任舰桥任务。我是这艘舰的主要驾驶军官、舱面军官,并担任反恐观察员,最近我还担任了无核值更工程官。

基本职责之一是保护所有的政府财产。对我来说,在我负责任何值更时,政府财产包括我们每个人,这意味着当我负责任何值更时,我的工作就是履行我的职责,监督与我同在的每个值更人员。

值更官并不是此时唯一意识到自己责任重大的人,另一个是被指派担任值更舵手的人。正如操舵三级军士长斯蒂芬妮·戈塔雷斯所说:

下图 美国海军"艾森豪威尔"号航母(CVN-69)在与"斯坦尼斯"号航母(CVN-74)进行军械转移期间,"艾森豪威尔"号航母的一名二级内部通信电工在操作综合弹射和回收电视监视系统(ILARTS)。

左图 "艾森豪威尔"号航母（CVN-69）意外事故/伤亡人员站的担架。在一个坚硬的金属环境中，每天都会发生人员的意外事故。

我是值更舵手，协助导航员确保本舰停留在安全水域。当我们进行报告时，舰上的同伴指望我们在这些报告中做到准确无误，以确保本舰的安全操纵。我们不能在值更上懈怠，因为不仅是我们的值更团队在依赖我们，全舰都在依赖我们。

尽管在日常生活中很难做到，你也要尽可能确保足够的睡眠，因为你必须保持清醒。你必须保持警惕，时刻注意周围的任何人或任何事。当然，你在凌晨一点半会感到疲倦，但这并不意味着你可以坐在角落里睡觉，你必须集中注意力。我们关注的每件事都是如此重要。如果我们错过了一件事，那就意味着失去生命，没有人想要这样。

灾难演习

超级航母上的水手和空勤人员的日常生活受他们的职责和船上环境的影响，从他们醒来（包括睡眠时间长短）到他们所面临的各种挑战，一切事情随着时间和地点的变化而有所不同。但是如果不进行作战，那么就要通过演习来不断保持作战心态。例如，在"华盛顿"号航母（CVN-73）上进行的演习就是面对一系列潜在的威胁，而不仅仅是演练与国家级别的对手进行交战。领导损害管制分部和负责第10舱消防的损管员马克·卡洛尔上士讲述了他们进行的消防演习情况：

对于水手们来说，通过参加消防演习来获得经验非常重要，这使我们能够为应对真正的灾难做好准备。航母上的消防部门准备的演习使我们能够为可能出现的任何情况做好准备。演习可以使我们熟悉航母的布局和设备，并深刻地意识到伤亡随时随地都有可能发生。进行演习的另一个好处是，我们可以熟悉所有损管设备并熟练使用。当真正的灾难发生时，这将使我们能够熟练地进行损管。所有水手要做的就是积极参与、充分利用每次演习。在演习期间保持积极性和参与性，并与领导层沟通，可以让每个人都能很好地了解各级部门正在发生的事情。

大多数水手可能不会高度重视（损管训练组）演习总结报告。实际上这很重要，通过听取演习总结报告，可以让水手了解如何提高技术，如何遵守作业程序，甚至能够得到如何做得更好的建议。这些演习总结报告可以让我们看到我们需要改进什么，如果水手们把这些事情牢记在心,就可以在各自的位置上成长,并在各个方面得到提高。

在组织演习时,还需要考虑低级别恐怖主义威胁或航母人员发生精神问题的情况。为此,"华盛顿"号航母上的水手还会进行一些应对轻武器暴力事件的演习。负责培训安全部门军士的一级军士长苏珊·奥兰德对这类演习进行了如下介绍:

"随机袭击"演习(Active Shooter Drill)对我们的水手来说是十分必要的,不单单是安全(部门),而是航母上的所有人。现在由于随机袭击出现的概率越来越大,反应部队必须做好处理任何突发情况的准备。我们试图让演习场景尽可能真实,也就是在任何情况下如何迅速应对随机袭击。如果不能准备随时应对随机袭击,都会降低我们迅速制止威胁的能力,并增加发生灾难的机会。所有参加演习的人员都要把每一个场景当成真实的,并像应对真实事件一样做出反应。不把演习当真,就会减弱演习效果,反应部队也将不能在真实事件发生时做出有效应对。"随机袭击"演习每年进行一次。根据分发到每个人的材料,停下来认真想想"我该怎么做?"这是一个很好的自我准备方式。规划一个比较理想的逃生路线,或者快速识别并拿起可能拿到的武器来保护自己,这是一个让自己保持正确心态的简单方法。

除了针对局部或较小概率事件进行演习,航母上的人员还会针对最极端的情况——航母沉没进行演习。尽管航母沉没的可能性微乎其微,因为航母上有数量众多的水密隔舱、应急反应系统和防御能力,能有效保证航母的安全,但是美国海军已经学会了对什么都不做假设,只有从最坏处着眼,才能取得最好的结果。

弃舰的过程从指挥官下达弃舰命令开始,然后战术行动官(TAO)通过舰载公告系统广播弃舰命令。在同一段广播中,战术行动官还将向水手提供与他们生存相关的重要信息,如距离最近的陆地有多远、陆地上的威胁等级、风向和风速、水温、友军舰船的存在等。水手们和他们所在的部门在飞行甲板和机库集合,

下图 美国海军"福特"号(CVN-78)上的水手们在亨廷顿大厅举行的美国现役军队血液项目(ASBP)活动中进行献血前的生命体征检查。

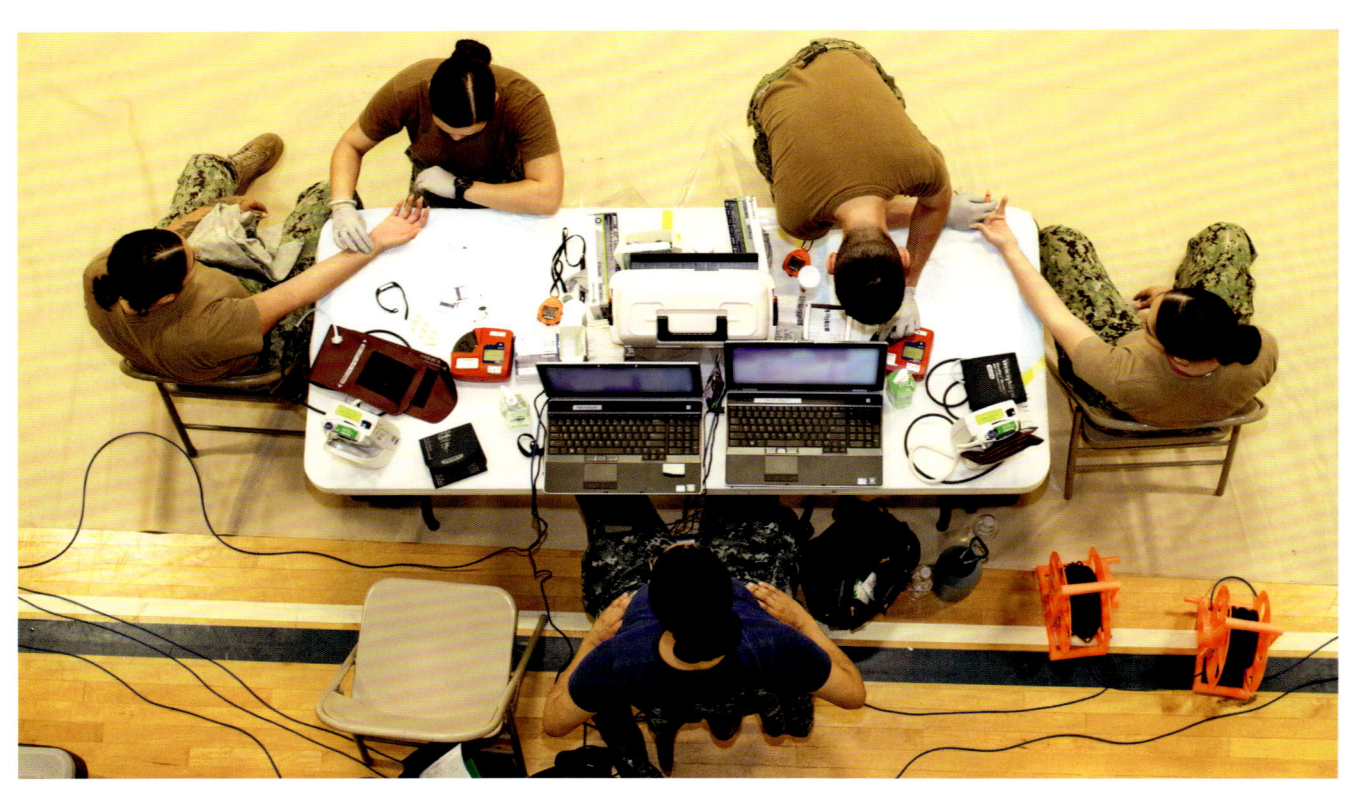

MK-8救生筏

美国海军航母使用MK-8充气救生筏，每艘可容纳50人。救生筏被固定在航母的右舷和左舷的"猫道"（Catwalks）上，它们要么由舰员手动展开，要么在没入水下10~40英尺时自动充气。救生筏上有很多救生设备，主要包括：

- 海水淡化器
- 50瓶淡水
- 每位"乘客"的口粮
- 泄压阀固定器
- 2个用于收集雨水的储水袋
- 1个手电筒
- 6节手电筒电池
- 1个荧光海上标记筒
- 信号镜
- 海绵
- 生存刀
- 口哨
- 水杯
- 钓鱼套件
- 急救箱

然后进入航母搭载的救生艇。

需要注意的是，当人们登上救生艇时，仍然需要建立有效的指挥链。通常是由高级别的舰员担任主管（OIC），然而像牧师、看护兵、护士或医生虽然级别很高，但他们都不适合担任OIC，只适合协助OIC。在2018年5月的一次弃舰演习后，美国海军"林肯"号航母（CVN-72）甲板部门的二级军士长斯科特·辛

上图 人员在超级航母上移动需要一定程度的力量、敏捷性和灵活性，特别是当通过紧密的地板舱口时更是如此。

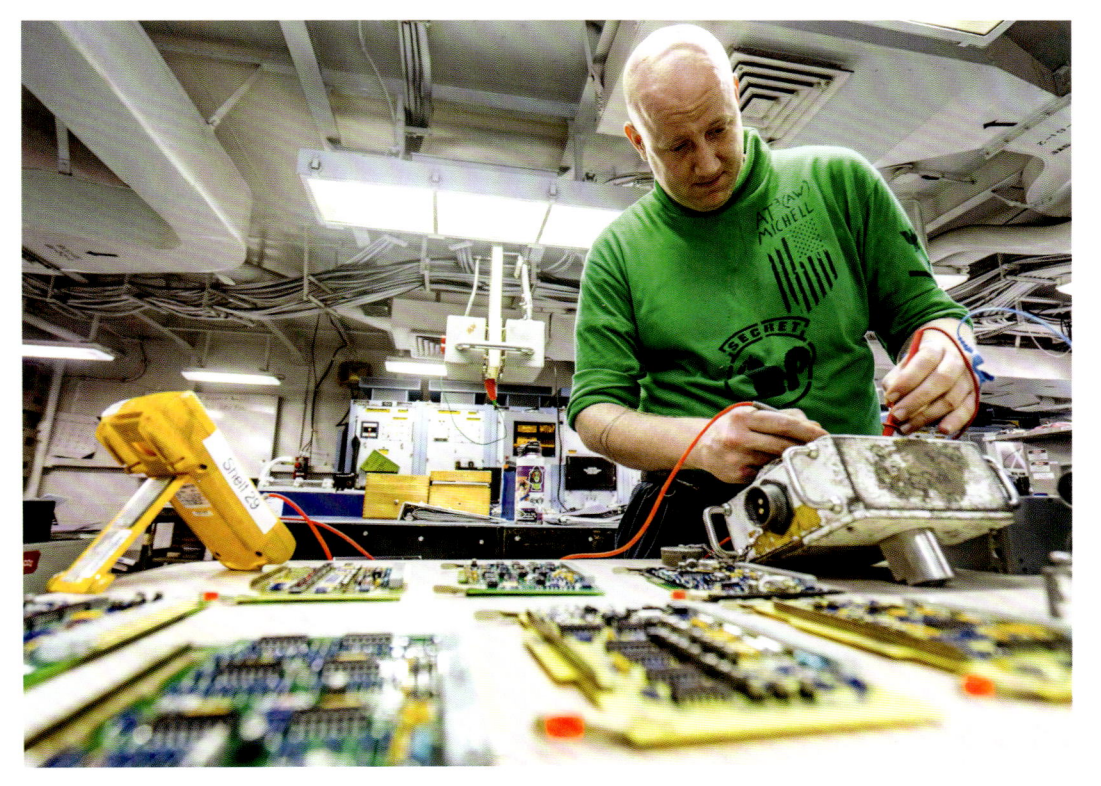

左图 "林肯"号航母（CVN-72）的三级航空电子技术员约瑟夫·米切尔在测量一个电路卡上的电阻。

普森说：

> 下达弃舰命令是为了挽救生命。但是当恐慌压倒了你的思考过程时，你就很容易做出错误的决定。这些错误决定通常都是缺乏训练或思路不清晰的结果。我们希望航母沉没的情况永远不要发生，但是如果真的发生了，我们需要水手们保持冷静并牢记训练要领，然后按照训练要领去行动。

下图 在超级航母的几乎每一个空间都有大量的机械装置。这张图里我们看到的是一个用来转动后舵的水泵。

工作日

当一艘航母搭载着舰载机联队出海时，特别是当航母正在进行演习或作战行动时，舰上的生活节奏就会变得非常快。参观航母的游客往往会注意到噪声的严重程度，因为与商船相比，航母的机械设备更多，尤其是舰载机在进行飞行作业时所发出的各类噪声更是令人难以忍受。希金斯舰长对笔者说，航母上的每个人，不管在航母的哪个角落，都能知道舰载机何时弹射、何时回收，因为这些活动会通过舰载机的发动机咆哮声、舰体结构的隆隆声、震动和拦阻索撞击垫板时发出的爆裂声传递到航母的每个角落。

在飞行甲板上自然也有一些有目的的活动。航空调度军士，即"黄球衣"，具体负责舰载机在飞行甲板上的调度和移动，以及在飞行作业期间所有人员的安全。"尼米兹"号航母上来自加利福尼亚州棕榈泉的航空调度下士梅勒妮·克拉克讲解了航空调度军士的具体职责：

> 刚开始穿上黄球衣时很害怕，但现在我有了一些自信和一种自豪感。在飞行甲板上，我们不仅要指挥舰载机，还要指挥人，通常在飞行甲板上需要引导的人员都会去找"黄球衣"。甲板上所有人员的安全也是我们日常工作的一个重要组成部分。所以我们不仅需要知道自己的工作，还需要知道其他人的工作。你必须能够真正控制你负责的舰载机，并且了解飞行员的性格特点。这是你在训练中形成的一种直觉，如果你觉得你需要让舰载机减速，你就毫不犹豫地给出减速指令，然后你再开始学习什么时候该让它转弯。我们有数百个手势信号，用来控制甲板上的舰载机。由于舰载机飞行员都是军官，所以你必须专业，你的每个动作要清晰准确，以防发生事故。

在"艾森豪威尔"号航母上，航空设备军士奎伊·索特尔也认为行动明确果断至关重要：

航母弹射和回收舰载机的任务主要依赖于航空设备军士（ABE）和弹射器。我们必须每时每刻专注于作业，为任何需要做的事情做好准备。每周进行的维修检查，几乎每天或每隔1天就要进行1次。弹射器有很多预防性维修和矫正性维修。想获得高级资质需要时间学习，不过是与所有的训练同步进行的。大约需要2~3个月的训练才能获得高级资质。在飞行甲板上最重要的是要记住安全，你必须意识到你的周围环境，并留意喷气机的转弯，这样你就不会在喷气机转弯时猝不及防。

顺畅的合作是飞行甲板作业的基石，正如"艾森豪威尔"号航母舰艇弹射器组主管、首席航空设备军士埃利佐尔·罗杰斯所说：

在飞行甲板上工作需要很多团队进行合作。我们所做的是这项任务的关键部分，因为没有我们，"艾克"（"艾森豪威尔"的绰号）就无法让喷气式舰载机继续支援地面部队。在这里工作的每个人都知道这一点，这些水手在巨大的压力下努力工作，有时是在艰苦的环境条件下完成工作，但没有人抱怨。

甲板之下

虽然飞行甲板是航母上最引人注目的空间，不过甲板之下同样迷人。例如，在海上，要求全体人员定期洗衣服。在"布什"号航母（CVN-77）上，洗衣房隶属于航母的后勤部门，负责4500名人员的衣物洗涤工作。实际上，洗衣房的工作人员不是固定的，而是从其他部门和分部临时指派的，这在美国海军史上称为食品/后勤服务出勤（FSA）。

电子技术员玛利亚·迪亚兹下士讲述了她在洗衣房的工作情况：

我已经在这里工作了两个星期了。我来自作战系统CS-32。洗衣房的工作流程基本是我们拿起要洗的衣物，洗干净，晾干，然后装袋。这是很简单的工作。我们每天要装很多袋衣物，

上图 超级航母可以满足所有舰员的精神需求。海军中校大卫·金是"福特"号航母（CVN-78）上的一名随军牧师，他正在舰上的小教堂主持一项仪式。

下图 从这部梯子下去，就进入了"艾森豪威尔"号航母（CVN-69）的一个军械弹药库。

上图 在海军娱乐公司赞助的一次访问中，著名的哈林篮球队（Harlem Globetrotters）队员奎德·米伦在"斯坦尼斯"号航母（CVN-74）的飞行甲板上与水手们玩了一场游戏。

下图 厨师拉瑞娜·汤普森在"林肯"号（CVN-72）的舰艇厨房准备甜点。航母上的厨师们要准备各种各样的食品——从为舰员准备的大餐到为来访的贵宾准备的美食。

而且洗衣房还有夜班，他们也要装很多袋衣物。由于我们要装很多袋衣物，所以我们需要把衣物整理好。在理想情况下，我们把它们装在一个袋子里，然后放在一个推车里，不过我们可以把所有的衣物和军士长洗衣房的衣物混在一起，因为他们所有的东西都经过模压，很容易收集和放回去。

航空（调度）军士塔蒂亚娜·帕拉格瓦拉介绍了用于处理衣物的机械：

每台洗衣机都有3个旋转洗衣槽，这样我们就可以装更多的衣物了。每个槽最多可容纳32磅，而这还只是对这台洗衣机而言，较大的洗衣机最多可容纳66磅。我们还为贵宾（VIP）、O-5（美国海军的薪资等级）及更高级别和军士长提供体积更小、自动化程度更高的洗衣机。我来这里已经有4个月左右了。我们部门人手不够，所以我们必须轮换。但是我喜欢这里，所以我自愿延长在这里的时间。

还有一个重要问题是如何养活航母上的数千名水手。"林肯"号航母上的食品服务分部无论是在港口还是在海上都要按时为水手提供营养餐。首席厨师利维·奥巴纳表示："必须随时准备开饭。""必须适当储备用品，以确保作业任务准备就绪。"

总的来说，食品服务分部在港口时需要为2100名左右水手准备餐食，而在海上则要为4200多名水手准备餐食，这样就需要开辟第二个食堂甲板，并提供单独的菜单。此外，还有一个为300~360名军士长和军官军士长服务的食堂。需要准备的食品数量还会随着舰载机联队的上舰部署而增加。利维·奥巴纳说：

要确保我们部门有足够的食品来支持两个菜单，就必须进行适当的计划并准确记录库存。根据类型指挥官（TYCOM）的要求，"林肯"号航母需要在任何时候都有充足的食品来维持全舰人员30~45天的生活。食品不仅仅是为水手提供营养，更是为他们提供能量，让他

海军补给系统司令部（NAVSUP）菜单计划

海军补给系统司令部（NAVSUP）为美国海军舰队中的所有舰船提供为期21天的轮换菜单计划，并且该菜单分为两个版本——海上或港口。海军补给系统司令部的《食品服务操作手册》解释了循环菜单的使用：

循环菜单最适合一般混乱情况。与每周编写的菜单相比，循环菜单节省了时间，并且使分析变得更加轻松、全面。循环菜单提供了更准确的预测配给成本、请购需求和日常食品准备。在决定最理想的循环长度时，应考虑再补给的种类和频率、勤务段数目和厨师（CS）值班时间表。一个奇数日循环允许每个值班段都有机会准备整个循环菜单。每次尝试都会提供一个有选择性的菜单。选择性菜单为每一餐类提供一个或多个选项。在理想情况下，每个菜单应该提供两个或多个主菜、配菜、蔬菜和甜点，也提供各种饮料和面包。

（NAVSUP，2010，1-15）

下图"福特"号航母（CVN-78）装有最先进的健身设备，以便在航母长期部署期间帮助舰员保持体能。

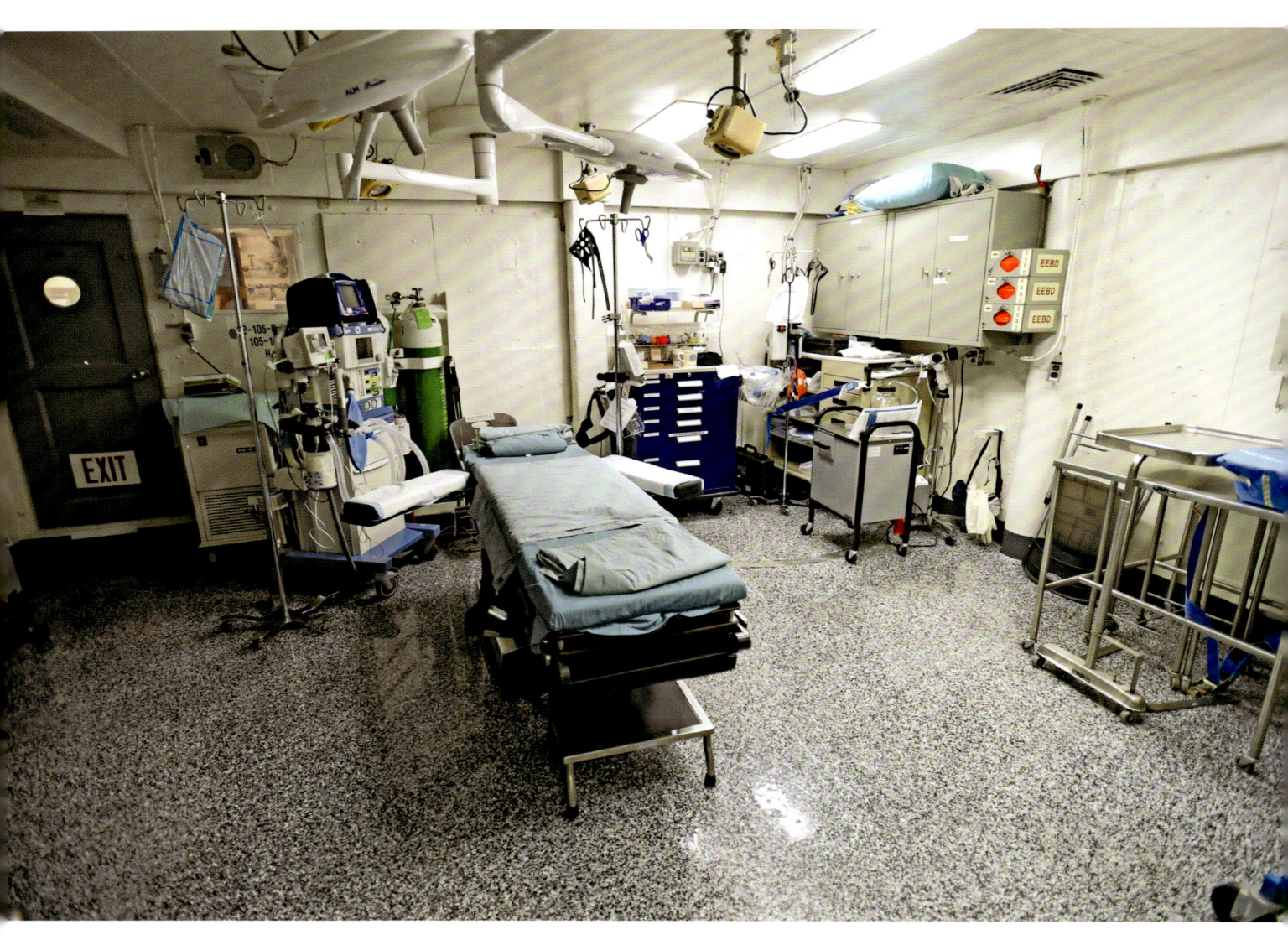

上图 "艾森豪威尔"号航母医学部的一个急诊室。

们能够精力充沛地去工作。作为厨师和食品服务人员,我们的使命是提供优质服务和各种营养餐,我们团队的每一位成员都在努力使之成为可能。

当超级航母在船厂进行重大维修时,水手的职责将会发生重大变化。航母最重要的是中期换料大修(RCOH),通常需要3年时间。在此期间,一些水手(如飞行甲板人员)可能会发现他们的工作强度降低了,或者他们被重新分配工作。"华盛顿"号航母上的首席航空设备军士(ABE)罗伯特·莱特纳对此表示:

在中期换料大修期间,我们航空设备军士的工作与在海上时的工作有所不同,因为我们不是在弹射和回收舰载机,我们也没有真正在我们自己的设备上工作。我们分散在航母上的各个PM(预防性维修小组)帮助"华盛顿"号航母按时离开船厂。在我们完成中期换料大修之后,我们将拥有新的和升级的设备,这将有助于航母在未来岁月里延长使用寿命,并能够在世界任何地方弹射舰载机来"保卫我们的国家"。

但是对于航母上的机电人员来说,中期换料大修可能是他们服役期间最忙碌的时期之一。最典型的例子是电气军士(EM),也就是电工,

右图 一名航空工程师在"罗斯福"号航母（CVN-71）上的喷气机车间检查一台航空发动机的加力燃烧室。

他们在中期换料大修中的作用由"华盛顿"航母电气分部的三级军士长伦道夫·罗迈拉进行了讲解：

电工在电气领域的工作范围很广。基本上，你触摸的所有由电力驱动的东西都由电工负责维修。我们还负责管理和维护负荷中心，这里是对来自发电机的电力进行分配的枢纽，这里有配电盘、保险丝盒、顶灯和电源插座。

从电工到飞行员，从厨师到雷达专家，从军械员到舰长，每个人都有自己明确的角色。正是这一个个不同的角色同唱一台戏，才使得美国的超级航母成为一个有机整体，具备了强大的作战能力。

尽管一直有人唱衰航母的作用，但是至今仍没有哪种装备能够像航母一样可以在世界几乎任何海洋执行多种任务。随着新型超级航母"福特"级的出现，超级航母的时代显然还将伴随我们数十年。

右图 "华盛顿"号航母（CVN-73）航空部的一名三级内部通信电工正在对燃油舱液位指示器（TLI）进行分类。

参考文献和拓展阅读

DOT&E (Director, Operational Test and Evaluation) (2018). 'Surface Ship Torpedo Defense (SSTD) System: Torpedo Warning System (TWS) and Countermeasure Anti-Torpedo (CAT)'. Available at: https://www.dote.osd.mil/pub/reports/FY2017/pdf/navy/2017sstd_tws_cat.pdf.

Doyle, Michael R., Douglas J. Samuel, Thomas Conway and Robert R. Klimowski (n.d.). 'Electromagnetic Aircraft Launch System – EMALS'. Naval Air Warfare Center, Aircraft Division.

Elward, Brad (2010). Nimitz-Class Aircraft Carriers. Osprey Publishing.

Environmental Protection Agency (1999). 'Distillation and Reverse Osmosis Brine: Nature of Discharge'. Available at: https://www.epa.gov/sites/production/files/2015-08/documents/2007_07_10_oceans_regulatory_unds_tdddocuments_appadistillation.pdf.

Friedman, Norman and A.D. Baker III (1983). U.S. Aircraft Carriers: An Illustrated Design History. Naval Institute Press.

Inspector General, US Department of Defense (October 2007). 'Non-Skid Materials Used on Navy Ships'. Department of Defense Inspector General. Available at: https://media.defense.gov/2007/Oct/30/2001712599/-1/-1/1/NSM%20Final%20Report%20TAD-2008-001.pdf.

Ireland, Bernard and Francis Crosby (2015). The World Encyclopedia of Aircraft Carriers and Naval Aircraft. Southwater.

Navaltoday.com (5 June 2019). 'USS Gerald R. Ford Ship Self-Defense System Aces Dual-Target Test'. Available at: https://navaltoday.com/2019/06/05/uss-gerald-r-ford-ship-self-defense-system-aces-dual-target-test/.

NAVSUP (January 2010). Navy Food Service Operation Handbook. Naval Supply Systems Command.

NAVSUP (US Naval Supply Systems Command) (2010). Navy Food Service Operation Handbook. Naval Supply Systems Command.

RAND (2005). Modernizing the U.S. Aircraft Carrier Fleet: Accelerating CVN 21 Production Versus Mid-Life Refueling. RAND Corporation.

RAND (2006). Leveraging America's Aircraft Carrier Capabilities: Exploring New Combat and Noncombat Roles and Missions for the U.S. Carrier Fleet. RAND Corporation.

US Navy (1989) Aviation Storekeeper C, NAVESTRA 10396. Naval Education and Training Command.

US Navy (1990). Aviation Boatswain's Mate E 3 & 2. Naval Training Command.

US Navy (1993). Aviation Boatswain's Mate F, NAVEDTRA 14003. Naval Education and Training Professional Development and Technology Center.

US Navy (1997). Naval Ships' Technical Manual Chapter 588 Aircraft Elevators, S9086-T3-STM-010/CH-588R1. Commander, Naval Sea Systems Command.

US Navy (1999). OPNAVINST 8000.16 Volume II, Ch.6.5 'Conventional Weapons Handling Procedures Afloat (CV and CVN)'. Chief of Naval Operations Instructions.

US Navy (September 1999). Naval Ships' Technical Manual Chapter 420 Navigation Systems, Equipment and Aids, S9086-NZ-STM-010/CH-420R1. Commander, Naval Sea Systems Command.

US Navy (2001). Aviation Boatswain's Mate H, NAVEDTRA 14311. Naval Education and Training Professional Development and Technology Center. Available at: https://www.globalsecurity.org/military/library/policy/navy/nrtc/14003_fm.pdf.

US Navy (2005). Aircraft Carrier Flight and

Hangar Deck Fire Protection: History and Current Status. Naval Air Warfare Center Weapons Division.

US Navy (2007a). NATOPS Landing Signal Officer Manual, NAVAIR 00-80T-104. Naval Air Systems Command.

US Navy (2007b). CV NATOPS Manual, NAVAIR 00-80T-105. Commander, Naval Air Systems Command.

US Navy (2008a). CVN Flight/Hangar Deck NATOPS Manual, NAVAIR 00-80T-120. Naval Air Systems Command.

US Navy (2008b). Flight Deck Awareness: Basic Guide. Naval Safety Center.

US Navy (2010). 'Chapter 3 Mk 7 Aircraft Recovery Equipment and Barricade Systems', from Aviation Boatswain's Mate E 3 & 2. Available at: http://navyaviation.tpub.com/14001/css/Chapter-3-Mk-7-Aircraft-Recovery-Equipment-And-Barricade-Systems-71.htm.

US Navy (2011). Air Traffic Controller (AC), NAVEDTRA 14342A. Center for Naval Aviation Technical Training (CNATT).

US Navy (2014). Flight Training Instruction: CV Procedures (UMFO) T-45C, CNATRA P-816. NAS Corpus Christi, TX: Naval Air Training Command.

US Navy (2016). NATOPS General Flight and Operating Instructions Manual, CNAF M-3710.7. Commander, Naval Air Forces.

US Navy (2017). 'Surface Electronic Warfare Improvement Program (SEWIP)'. Available at: https://www.navy.mil/navydata/fact_display.asp?cid=2100&tid=475&ct=2.

US Secretary of the Navy (2002). Patent US6575113B1, 'Cooled Jet Blast Deflectors for Aircraft Carrier Flight Decks'. US Patent Office. Available at: https://patents.google.com/patent/US6575113B1/en.